汇设计丛书
HUI DESIGN

设计心理学
与用户体验

Design Psychology
and User Experience

周承君　赵世峰　著

化学工业出版社
·北京·

本书包含"设计心理学"与"用户体验"两大内容。其中设计心理学部分主要讲了设计心理学基本理论、设计心理学的研究主体、设计心理学的一般应用,这是所有与设计相关专业的学生必学的专业知识;用户体验是当今最前沿的设计领域,本书的第二部分主要介绍了用户体验的相关概念、利用设计心理学提升用户体验、用户体验评估等内容。本书将两者结合,通过最前沿的案例,向读者介绍设计心理学的理论知识,并使之懂得如何在提升用户体验的过程当中更好地运用。

本书适合于产品设计以及相关设计学科的师生学习使用,也可供相关行业的从业者参考阅读。

图书在版编目(CIP)数据

设计心理学与用户体验/周承君,赵世峰著. —北京:
化学工业出版社,2019.1(2024.8重印)
(汇设计丛书)
ISBN 978-7-122-33440-4

Ⅰ.①设… Ⅱ.①周…②赵… Ⅲ.①产品设计-
应用心理学 Ⅳ.①TB472-05

中国版本图书馆CIP数据核字(2018)第280750号

责任编辑:李彦玲　　　　　　　　　文字编辑:姚　烨
责任校对:王鹏飞　　　　　　　　　装帧设计:王晓宇

出版发行:化学工业出版社(北京市东城区青年湖南街13号　邮政编码100011)
印　　装:天津市银博印刷集团有限公司
787mm×1092mm　1/16　印张9½　字数214千字　2024年8月北京第1版第6次印刷

购书咨询:010-64518888　　　　　　　　售后服务:010-64518899
网　　址:http://www.cip.com.cn
凡购买本书,如有缺损质量问题,本社销售中心负责调换。

定　　价:56.00元

设计心理学与用户体验

Design Psychology and User Experience

前言
Preface

我很高兴看到设计心理研究方兴未艾，而设计心理学课程也在众多院校广泛开设起来！

回顾本书的创作源头，还要追溯到二十年前，我研究生毕业时参加的一场学术会议。1998年，原中央工艺美院（现已合并到清华大学，更名为清华大学美术学院）为纪念成立40周年，组织了题为"四十不惑"的大型研讨活动。当时中央工艺美院王明旨院长、李砚祖教授等一大批专家学者为中国设计学科的建构，提出了很多具有前瞻性和现实指导意义的真知灼见。

那次会议让我清晰地意识到以往感性设计"只可意会，不可言传"的窘迫；以及设计学停留于具体技术层面，缺乏系统理论，而"以史代学"的尴尬。我期望借助《设计心理学》研究为设计学理论体系建构做出一点贡献。回到学校，我广泛搜寻资料和案例，编写讲义，并申请开设了名为《设计心理学基础》的课程。十年的教学和在众多设计项目中的相关心理分析，积累了完备的教案和丰富的第一手实证资料。2008年，我编写了《设计心理学基础》，这本书对设计心理学及其应用进行了系统的梳理和介绍。

随着互联网和信息技术的突飞猛进，交互设计和用户体验分析日益重要，很多大型机构和平台都悄然成立了专门的用户体验部门。

这和设计心理学有什么关系呢？设计心理学是以满足用户需求和使用心理为目标，研究设计主体心理活动的发生、发展规律的科学；主要指向"人的行为及精神过程"的研究，也就是用户体验研究。

于是，我带着研究生团队主动融入企业，完成了第十届国际园林博览会等一系列校企协同创新项目。这使我萌生了将《设计心理学》基础理论和用户体验实证研究结合起来的念头。

前后近两年时间，我与赵世峰并肩作战，《设计心理学与用户体验》也在我们的良好互动中顺利完成。感恩过往！向给我指导意见的林家阳、李中扬、汪尚麟等教授，还有始终为我分担压力的家人，表示深情的感谢！

周承君

2018年10月26日

目录

CONTENTS

04 Chapter
第四章
用户体验相关概念 /092

01
Chapter

第一章

设计心理学基本理论

导 读：

　　设计是一种文化，它离不开对人性的关怀。当今的设计越来越重视使用者的精神、情感等心理因素的微妙变化。

　　将设计心理学引入科学、理性的实证研究，完善了以往感性设计"只可意会，不可言传"的窘迫，成为现代设计的重要分支和研究热点。

　　那何为设计心理学？它有何面貌和特点？又如何伴随设计而发展？笔者将结合一些具有温度与情怀的设计案例，带着您一起去领略和思考。

第一节　设计心理学概述

　　心理学是研究人心理活动规律的科学。随着全社会物质生活水平的不断提高，受众日益重视个性化心理需求和情感体验；作为应用心理学一个新的分支，设计心理学成为当下创新传播、艺术设计和数字营销领域的重要课题。

一、设计心理学的基本定义

　　设计心理学是以普通心理学为基础，以满足用户需求和使用心理为目标，研究现代设计活动中设计人员和用户心理活动的发生、发展规律的科学，属于应用心理学的一个新分支。设计心理学的研究首先离不开对设计概念的界定。

1.设计的再认识

（1）设计的概念

　　设计是设想、运筹、计划与预算的行为，它是人类为实现某种特定目的而进行的创造性活动。按照中国《现代汉语词典》的定义："设计是在正式做某项工作之前，根据一定的目的要求，预先制定的方法、图样等。"牛津词典则认为："设计是脑中的计划；是按构想制定计划与目标，绘制图样，借以实施头脑中的计划与计谋。"这两种解释，尽管视角和表述各异，但对设计的理解基本相同。如图1-1为设计的系统。

　　日常生活中，很多人都在不知不觉地从事设计活动，比如想做一只风筝（图1-2），首先要考虑风筝逆风而升的飞行和平衡原理，构想或勾画风筝的形状、模样；再来选择材料、制作骨架、贴面料、点缀装饰；最后在放飞试验中，还要检查兜风效果、稳定性、是否惹人喜爱等，进行调整和校正。这些不为人们所知的设计活动，如同说话走路一样自然，遍及人类活动的各个角落。

　　设计还有"意匠"的含义，如工业意匠，便是英语Industrial Design的对译。指的是人类对工业化物质生产成果的一种能动创造，也是人类在现代大工业条件下按照美的规

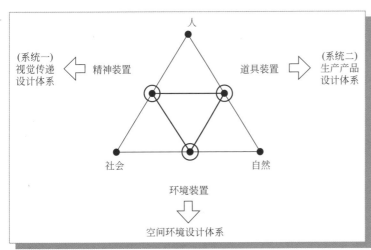

图1-1 设计的系统

图1-2 风筝

律造型的一种创造活动。

设计是一种文化，文化是设计的灵魂。就像是"根与植物"的关系，优秀的设计一定蕴含了深层的文化内涵。

（2）设计的分类

a.工程设计

凡是以特定使用功能为目标进行的使用功能、工作原理及结构关系的设计，都属于工程设计。如图1-3是法国巴黎卢浮宫和其入口的玻璃金字塔，是古典建筑与现代工程设计完美结合的杰作。

工程设计的成果是物质产品，而且以实现一种使用功能为目标。

现代工程设计不断借鉴与沿用工艺美术设计与艺术创作的方法，强化了意匠的设计思想，除了设计工程图样外，还要绘制产品的效果图，制作产品的模型，策划产品的宣传与其视觉传达，设计展示道具与空间环境等。工程设计与工艺美术设计及艺术创作联姻，实现了技术与艺术的结合。工程设计的物质产品绝不亚于一件工艺美术作品。像建筑设计的外观图，本身是一幅美术作品，而服装设计的时装模特画，时装模特的表演，都很难界

图1-3 法国巴黎卢浮宫和其入口的玻璃金字塔

定是属于工程设计还是属于艺术创作。如图1-4是融入古典绘画艺术的时装效果图,带给受众高贵与奢华的良好体验。

b.工艺美术设计

凡是以视觉欣赏为设计目标,进行艺术加工制作的方法、技艺的构想与设计,都属于工艺美术设计。

工艺美术设计一般分为两类:一是日用工艺,即经过装饰加工的生活用品,如家具工艺、染织工艺等;二是陈设工艺,即专供欣赏的陈设品,如玉石雕刻、装饰绘画、点缀饰物等。如图1-5就是传统刺绣工艺美术设计的杰作。

工艺美术设计的成果是工艺品,既有塑造形象直观性的特点,又有实用功能服务性的特点;既要像工程设计那样构想实用功能、工艺方法,又要像艺术创作那样实现艺术审美。

工艺美术设计与制作主要是应用于传统手工艺,它具有明显的历史传承性,比如,四千年前奴隶社会的青铜工艺传承至今,成为金属工艺;一万年前新石器时代的制陶工艺成为现代的陶瓷工艺等,这些造物活动,都以在头脑中琢磨,以手工制作为特点,设

图1-4 融入古典绘画艺术的时装效果图

图1-5 传统刺绣工艺美术设计作品

图1-6 西周早期青铜器甗

计的意匠意味浓厚。如图1-6是西周早期青铜器甗。甗是蒸食之器，分为上下两个部分，上部用以盛放谷粒和其他固态食物，称为甑，下部为鬲，用以煮水，中间有箅，水蒸气透过孔进入甑内。在商代早期已有铸造，设计非常精巧！

传统工艺的技艺还有：编织、印染、刺绣、陶瓷、玉雕、石雕、木雕、牙雕、漆器、金属工艺等。

工程设计、工艺美术设计都是为了预定目标进行构想、有计划的苦思冥想的造物过程，都是从无到有的审美活动创造者，工艺美术家、艺术家为了物质世界与精神世界的美好，必然要携手并肩，共同开辟设计之路。

2.设计的心理活动

设计心理是指设计者在产品的功能原理构想、结构设计计算、设计方案表达、工艺流程制定过程中的一系列心理活动。"设计是人类特有的一种实践活动……一刻也离不开对造物的苦思冥想和实际的造物活动，借此调节主客体之间的关系。"这种造物的苦思冥想正是设计中的心理活动过程。人类和动物最根本的区别，就在于人的实践活动是有目的、有意识的造物，并能制造和使用生产与生活工具。因为人的认识有感觉、知觉和思维，有接收、分析、处理外界刺激与信息的能力，如图1-7刺激与行为的基本过程。

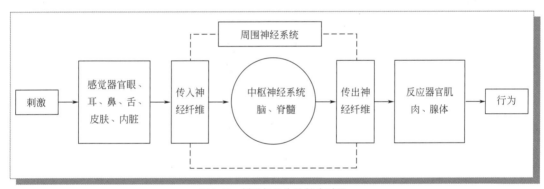

图1-7 刺激与行为的基本过程

人类依靠自身特有的头脑，学会了应对各种环境并借助客观规律去驾驭自然。如同恩格斯所说："人离开动物越远，他们对自然的作用就越带有经过思考的、有计划的、向着一定的和事先知道的目标前进的特征。"设计的心理活动，对应了马克思评价的"人类的特性——自由的自觉的活动"。人类这种自由，自觉的认识世界、改造世界的能力，被称为人的本质力量。而人的本质力量在感觉与知觉上的显露与表现，是设计心理活动的本质。

早在15世纪的欧洲文艺复兴时期，达·芬奇就开始将预先设想的方案写在纸上并绘制图样，留下了很多机器设备的草图，有兵器、舰艇、锻压设备等，构想了传动轴、齿轮、曲柄连杆等机械传动的零部件等，如图1-8达·芬奇的设计构想。

从视觉体验的角度来看，设计的创造过程是设计师的"编码"过程，是对设计资源进行有意义的解构和重新组合。完整的设计包括受众的接受过程，而受众的接受程度是设计成功度的重要参照指标。受众的"解码"思维决定了其接受特征，因此，设计师通过从形式到内容的一系列设计，把所要表现的对象的特色及精神巧妙地视觉化。设计师

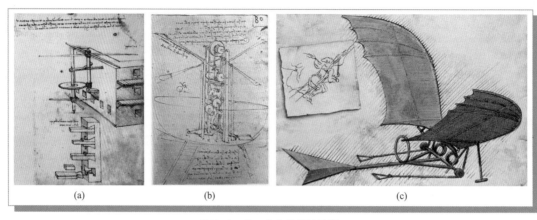

图1-8 达·芬奇的设计构想

要成功挖掘出设计对象的思想和精髓，必须对心理学中关于个体的认知特性、消费心理特征进行深入研究。如，什么样的设计形态和色彩会吸引观众的注意，什么样的设计元素和设计符号会引起用户在情感上的共鸣等一系列相关因素都需要考虑。总之，只有把握受众的心理，设计才能被认可和接受。如图1-9为设计师编码和受众解码过程。

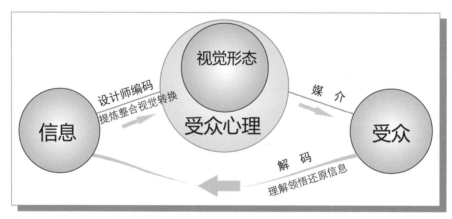

图1-9 设计师编码和受众解码过程

二、设计心理学的性质

设计心理学是一门具有特殊性的交叉学科，它具有自然科学、人文社会科学的双重属性，它的科学性同时反映于艺术科学整体累积的知识和自然科学的实证研究两个方面。

一方面，设计心理学需运用阐释主义的研究方法（定性研究），通过对设计艺术领域中已经发生的事实性的知识，例如风格、潮流、器物的演变等现象进行溯本求源的研究，用人文心理学（例如精神分析学说、人本心理学以及心理美学）的相关知识和理论来解释这些现象背后人的心理行为的根源；另一方面，设计心理学还需运用科学心理学（认知心理学、实验心理学）的相关科学研究的方法（定量研究）范式，对设计主体进行科学的测试和研究，从这个角度看，设计心理学的科学性能体现前面所说的自然科学的科学性，即客观性、可验证性和系统性。具体表现为如下三点。

第一，设计心理学的研究，针对的是设计艺术相关行为中各种主体的行为，即通过外界环境的变化和刺激与设计领域中的主体行为之间的对应关系来总结一些规律性的东西。

第二，设计心理学的研究所获得的那些规律、原理，同样应可以通过各种事实加以验证。

第三，设计心理学如同其他应用心理学分支一样，建立在广泛公认的普遍真理或定理之上，其侧重点却非这些真理、定理本身的探索发现，而是将这些科学原理与设计现象结合起来，用以解释主体的心理—行为现象，以保证设计艺术心理学能具有较为坚实的科学基础。

设计心理学由于其研究特性，应是科学心理学与人文心理学的统一和互补。一方面，艺术设计作为建立于实用性基础上的艺术，具有鲜明的问题求解的属性。与之相应，设计心理学的研究中也包含不少以实证研究为特点的研究，反映为与感性工学、可用性研究以及人机工程学等领域相关的研究，这些研究基于客观的、可量化的、可控制的科学实验来获得结论。另一方面，设计作品又并非单纯的目的求解的行为，这是它与一般的工程设计的本质差别。艺术设计的作品在满足目的性需要的基础上，还具有审美、鉴赏、意味、象征等更加微妙、主观的功能，以及对艺术设计活动中的心理现象的研究和分析，因此也应重视主体的主观体验，具有人文主义心理学的一般属性。

设计心理学研究强调系统，考察人—机—环境所形成的整体情境，着重研究设计主体与设计使用主体之间发生联系的行为，以及外界相关因素对于这一行为的影响。

作为设计学（人文学科）基础理论学科的设计心理学，还需面对来自设计学自身的科学性挑战。

设计艺术学是关于复杂的、主观性的人以及人类文化的研究，这决定了其具有"人文科学"和"自然科学"的双重属性，而作为其重要基础理论学科之一的设计心理学，正是其双重属性的典型呈现。

设计心理学研究，应将以上观点作为学科属性的重要支撑，明确设计艺术心理学研究不同于设计创作，它的目的是以严谨理性的态度、科学系统的分析去验证艺术中各个命题和假设，探求各个问题的答案。从艺术科学的角度出发，设计艺术学应累积和传播那些与设计相关的知识，并从人文、社科的整体角度加以积累和发展，设计心理学也不例外。作为设计艺术学科的组成部分，设计心理学的不少内容与实际设计作品和设计实践活动密切关联，它们是人类文化的重要现象和文化细节，因此我们更应该从"大人文"的角度出发，联系直接或间接对设计活动的主体产生影响的社会、文化、政治、经济等相关外在条件来对其加以研究和把握。

三、科学的设计心理学

设计心理学属于应用心理学范畴，它研究设计与消费者心理匹配的专题，解决设计艺术领域与人的"行为"和"意识"有关的设计研究问题；它专门研究在工业设计活动中，如何把握消费者心理，遵循消费行为规律，设计适销对路的产品，最终提升消费者满意度；它同时研究人们在设计创造过程中的心态，以及设计对社会及个体所产生的心理反应，并反过来再作用于设计，从而起到使设计能够更好地反映和满足人们心理需求的作用。

设计心理学以心理学的理论和方法研究决定设计结果的"人"。其研究对象，不仅仅是用户，还包括设计师。通过对用户心理的研究，集中了解用户在使用过程中如何解读设计信息，如何认识设计等基本规律。同时，设计心理学还研究不同国家、不同地域、不同年龄层次的人的心理特征，了解如何采集用户心理的相关信息，分析信息并从心理学角度对用户的心理过程进行分析，用分析结果来指导设计，以便有效地避免设计走入误区、陷入困境。

而对设计师心理的研究，是以设计师的培养和发展为主题，探询设计师创造思维的内涵并对其进行相应的训练，促进设计师以良好的心态和融洽的人际关系进行设计。同时，对设计师心理的研究还涉及使设计师如何与用户进行有效的沟通，敏锐而准确地感知市场信息，了解设计动态。其中创造心理学和创造技法是对设计师进行心理研究并对设计师进行心理训练的重要组成部分。

现代设计越来越关注人在其中的决定因素，设计在实践中不断发展，因而迫切需要设计心理学理论的支撑。设计作为一门尚未完善的学科，其边缘性决定了设计心理学也是一门与其他学科交叉的边缘性学科（图1-10）。例如，设计心理学与人机工程学的联系，是生理学与心理学的结合，是使设计满足用户在生理上和心理上的需要并可对设计提供评估的重要理论依据之一。而且，环境心理学、照明心理学、色彩心理学、消费心理学等学科也介入了设计学科的研究领域。所以，设计心理学研究的范畴很广，而且随着设计理论的不断发展，设计心理学与其他学科的融合会更加紧密。

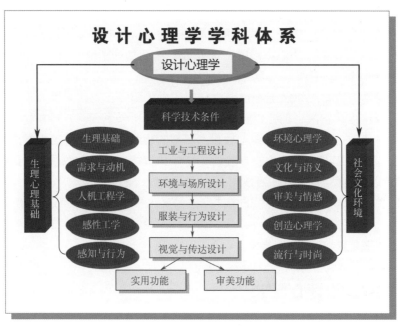

图1-10 设计心理学学科体系

设计心理学是一门新学科，美国认知心理学家唐纳德·A.诺曼是最早提出物品的外观应为用户提供正确心理暗示的学者之一，他借鉴英国学者W.H.梅奥尔1979年在《设计原则》中提到的观点，将其所做的研究称为"物质心理学"，在一定程度上接近于"设计心理学"，因此国内将其著作《The Design OF Everyday Things》通译为《设计心理学》。

唐纳德·A.诺曼认为这些关于日用品设计的原则构成了心理学的一个分支——研究人和物互相作用方式的心理学。诺曼通过大量设计案例，分析了用户的使用心理，丰富了这一定义，其定义至今看来还是极有意义的。

总之，设计心理学是设计艺术学与心理学交叉的边缘科学，它既是应用心理学的分支，也是艺术设计学科的重要组成部分。设计心理学是研究设计艺术领域的设计主体和设计目标主体（消费者或用户）的心理现象及相关环境的科学。

第二节　设计心理学发展历程

一、设计心理学研究的背景

随着现代物质文化的高度发展以及人类造物能力的不断强大，经济全球化的发展和各国经济贸易活动增加，产品在世界市场上的竞争愈演愈烈。产品的性能、质量、能耗、附加值、可持续开发的程度等，迫切需要系统科学的研究。这向产品的设计者提出了严峻的挑战，更为艺术设计心理学的产生和发展创造了条件。

1.消费社会：日渐挑剔的用户

设计为生活服务，在大众消费的时代，这种服务又具有了更多的内容，因为它所面对的是更具选择能力的消费者。从前面消费者的界定上看，消费者既是产品的使用者，同时也是直接或间接鉴赏、选择和审美者；消费者是消费过程的主体，是产品实现其审美价值和使用价值的终端，也是消费社会的运转核心。

在这个消费社会中，社会、经济、文化结构都产生了巨大转变，人的消费观和消费方式随之转变。人们开始更多关注商品的文化意味、审美价值、符号属性，商品（服务）更多地提供给人们的是情感、体验和梦想。消费社会中的艺术设计的主要职能之一就是促进消费，设计师不仅需要让商品在被购买后能提供使用者满意的功能，同时也需赋予商品以美学、符号和文化等方面的意味，多角度、多层次满足用户需求。

2.信息社会：科技以人为本

信息社会的来临同样是今天设计艺术所面临的一个重要的机遇与挑战。在各种数据网络贯穿的世界中，人与人、人与物、物与物之间的相互约束被弱化；人们被数据流、电子幻影所包围。电子化奇迹造成了人际关系的空虚和隔阂，这使人们面临"原有心理环境的崩溃"，要解决这些问题还需从缓解或解决人造环境与人的需要之间的矛盾入手。

高技术产品没有既成的样式和风格。原来机制产品遵循的"形式追随功能"有时失去了可参考的标准，在智能产品（如芯片）身上我们只能看到果而看不到因，因此高技术产品应该以何种面貌示人成为信息社会的艺术设计理论和实践共同关注的焦点。对"人"的关注被提到最前列，设计师肩负这样的责任：用艺术化设计的高情感去弥补和平衡高技术环境下人际关系的疏离，心灵深处的孤寂以及人为环境与自然环境的对立，减少功能复杂、信息过载的人造物品与人性之间的裂痕。

3.设计：多元性与反思

现代设计是伴随着工业化生产以及消费社会的产生而诞生并逐步发展壮大的。它以简洁、几何、理性的"机器美学"与现代化大生产方式相结合，形成了席卷世界的"国际风格"。此后，现代主义一直被当作主流设计风格，广泛应用于建筑、产品、平面、服装等各个艺术设计领域中。消费社会的来临打破了现代主义的统治地位，生产再也不能仅满足人们单纯功能上的需求，人们对物的需要呈现了多元化的趋向，设计上反映为"后现代主义"和多元化趋向。复杂性、多元化的设计背景一方面为设计提供了更大的可能性和创意空间，另一方面也对设计师提出了更高的要求，设计师不仅仅是提供必要的功能和服务，更不是简单地去美化和装饰产品，而是要使人造物更贴近人的情感、生活和多样性的需要。

正是在这样的背景之下，设计艺术领域的学者、设计师感觉到了设计的最终对象——人的重要。从这个意义上来看，设计师应该是消费者（用户）的代言人，设计应基于对人的理解，是关于人的设计。心理学正是关于人的学科，是研究人的心理现象以及造成这些心理现象原因的科学，其研究获得的各种理论成果能帮助我们更好地理解人。掌握与设计相关的心理规律能使我们有效地捕捉用户的心理，发现设计的关键问题和创新点，从而对设计进行行之有效的调整和改进。

二、设计心理学研究的历史

设计心理学的研究刚刚起步，但人类在造物中考虑人的心理感受却由来已久。从人类祖先开始第一次将石器打磨成工具，这些磨制精良、造型匀称的石器表明我们的祖先已经在有意无意地考虑人使用产品的心理感受了，不仅考虑到如何使用方便，还涉及审美心理和社会文化心理（图腾信仰）。接下来的几千年文明中，无数巧夺天工的工艺品也展现了古代艺人对人们身心需求的关心，虽然他们并不知道"设计心理学"，但他们的许多设计法则从现在看来都属于设计心理学研究的范畴。以中国为例，汉代的长信宫灯（图1-11），精巧的设计能将灯烟吸收到灯腔中，减少对人体的危害，充分考虑了设计

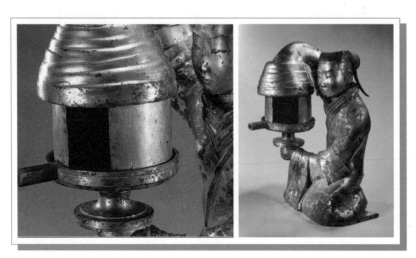

图1-11　汉代长信宫灯

中的"人的因素"，将造型、功能和环保因素系统考虑，值得我们很好的学习和借鉴；明代的家具也与之类似，不仅在造型和尺度上都考虑到了人的尺度，并且造型也体现了当时的社会和文化心理。

作为艺术心理学的相关理论，如艺术与视知觉、视觉心理学、设计美学、人机工程学等却由来已久。工业心理学、人机工程学（人类工效学）及消费心理学都源自1879年科学心理学的诞生，伴随着现代应用心理学的发展而发展。

1.审美心理学发展概述

审美心理学也称"心理美学"，它是以心理学的研究方法研究审美、创造美的心理过程、个性心理及其规律的美学分支学科与流派。审美心理学的思想最早起源于哲学家们的思辨，直到20世纪现代心理美学蓬勃发展，精神分析学派、格式塔心理学、人本主义心理学等心理学流派为心理美学研究注入了新的内容。

审美心理学各学派关于主体审美愉悦感的研究和理论，对于设计艺术心理学研究具有重要借鉴作用，可用于解释设计用户审美经验中的各种现象，例如情境对主体的影响；设计作品的各个要素的感知规律以及用户对其产生的审美（情感）体验；唤醒与愉悦感的关系；信息加工能力对于审美经验的影响等。

2.艺术史学家的心理学研究

艺术史学家对于艺术心理学的研究倾向于艺术风格、趣味所产生的心理机制，重视与审美心理相关的内在感知能力。其代表人物和思想是：

a.里格尔在其代表作《风格问题》一书中提出了风格知觉问题，建立了所谓的"风格心理学"。里格尔提出：特定时期的每一项设计都必须而且能够遵循风格发展的内在规律，这种规律就是把艺术从感觉推向知觉。

b.海因里希·沃尔夫林运用形式分析的方法对风格问题做了宏观比较和微观分析，认为建筑和人一样富有表情，他十分重视心理学对于艺术史学研究的重要作用。

c.贡布里希作为一名艺术科学大师，他以整体的观点来对待艺术科学研究，用灵活、开阔的视野打通了各学科间原本的森严壁垒，使艺术科学理论得到很大拓展。在《艺术与错觉》中，他运用人们视觉的理解力和错觉，发明了使三维空间能再现于二维平面上的各种技巧。在《秩序感》一书中，他运用心理学、信息理论甚至生态学的原理来分析装饰艺术，提出人们先天存在对简单、有规律的形式的喜好——秩序感，认为秩序的中断会吸引人的注意力；超出秩序的多余度和新变化之间存在一种张力，这是吸引人们注意力的原因。

3.消费心理学、广告心理学的发展

1900年，盖尔出版的《广告心理学》一书是广告心理学最早的研究。1921年，斯科特发表了《广告心理学的理论和实际》，涉及广告中各种心理原理，包括知觉、想象、联想、记忆、情绪、暗示和错觉等。1960年美国心理学会正式设立消费心理学分科学会，标志消费心理学作为一门独立学科诞生。研究消费行为过程中的感知规律，消费者的需要和动机，人格差异对于消费者行为的影响，消费者的决策规律及其受影响的方式和手

段，以及社会、文化环境对于消费者心理、行为的影响等。

我国早在20世纪20年代，就曾有学者做过一些研究，如孙科发表《广告心理学论》、吴应图翻译了斯科特的《广告心理学》，但新中国成立后由于整个心理学在我国的状况，此类研究被中断，直到70年代才开始得到恢复和发展。特别是从80年代中期以来，市场经济的快速发展促使广告心理学、消费心理学得到迅速发展。

4.现代设计心理学的形成与发展

现代设计心理学的雏形大致产生在20世纪40年代后期，原因主要在于以下几点。

"二战"中人机工程学和心理测量等应用心理学科得到迅速发展，战后转向民用，实验心理学以及工业心理学、人机工程学中很大一部分研究都直接与生产、生活相结合，为设计心理学提供了丰富的理论来源；其次，西方进入消费时代，社会丰裕，物质生产繁荣，为了在激烈的市场竞争中获胜，当时的市场主流是以样式设计、风格的交叠来促销，消费者心理、行为研究盛行；最后，设计成为了商品生产中最重要的环节，并出现了大批优秀的职业设计师。这些职业设计师中的一部分人反对单纯以样式为核心的设计，想要真正为使用者设计。

认知科学和心理学家唐纳德·A.诺曼（Donald Arthur Norman）对于现代设计心理学以及可用性工程做出了最杰出的贡献，20世纪80年代他撰写了《The Design of Everyday Things》（国内翻译为《设计心理学》），成为可用性设计的先声，2004年，他又发表了第二部重要设计心理学方面的著作《Emotional Design》（《情感设计》），这次，他将注意力转向了设计中最为神秘，但最重要的内容——情感和情绪。

目前国内的设计心理学近十年才刚刚起步，以往该方面的研究以及院校中所传授的知识主要以美学中的审美经验或者消费心理学中的相关内容为主，理论研究基础薄弱，还没有明确的学科框架。

三、设计心理学研究的意义

设计心理学研究的意义包括两个方面，一个方面是其实践意义，另一个方面则在于它的理论意义（图1-12）。

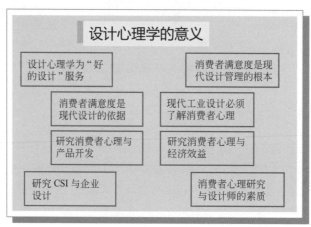

图1-12 设计心理学的意义

1.实践意义

设计心理学对于设计艺术的实践意义包括：

第一，设计心理学帮助设计主体通过科学、系统的研究方法正确认识人与物品之间的互动关系，增进设计的可用性——合目的性及功能性。设计心理学如一座跨越设计者和使用者（消费者）之间的桥梁，通过研究人机交互中的心理现象，使产品的功能、造型及其使用方式都能尽可能符合人的需要。

第二，能帮助设计中的主体加深对于设计的评价、理解、鉴赏的能力，从更深的层面上来理解每件设计作品的本质和意义；使人们对于设计的理解都更趋于科学、全面、立体。

第三，通过对用户心理的研究，设计师能更好地迎接跨文化、多样性市场需要的挑战，针对目标市场设计出更加适销对路的产品，制定更适当的宣传、推广和促销手段，提高企业的市场竞争力，这对于即将与全球市场接轨的中国企业尤为重要。

第四，设计是典型的创造性工作，通过关于创造力和创造性思维的研究。设计心理学有可能帮助设计者拓宽思路，增强设计思维能力。此外，设计心理学对于设计教育和设计管理也具有重要的作用，它能帮助设计教育工作者设计出更加行之有效的培养方式，帮助学生更好地掌握设计知识；它还有助于设计管理者有效地组织设计活动和机构，管理设计开发流程和设计组织。

2.理论意义

从我国设计学理论目前的建构来看，目前正初步形成一套整体、系统、全面的学科理论框架，设计心理学正是设计学学科框架中不可或缺的重要组成部分，90年代中国设计学学科带头人李砚祖先生将当代设计艺术学研究的基本框架概括为十个方面。

即，设计艺术哲学研究；设计艺术形态学、符号学研究；设计艺术方法学研究；设计决策与设计管理研究；设计心理学研究；设计艺术过程与表达研究；设计艺术的经济学、价值学研究；设计艺术的文化学、社会学研究；设计艺术的教育研究；设计艺术批评学与设计艺术史学研究。

从以上框架来看，设计心理学是设计艺术学科理论框架中的一个重要组成部分，设计艺术学科同时还与其他学科之间存在重叠、交叉关系，例如设计哲学中所涉及的感性与理性、设计美学等内容，也同样是设计心理学中不可忽视的重要内容。设计经济学中的客户关系、市场价值也涉及设计心理学中的消费心理、行为、决策的研究；设计艺术的过程与表达研究、设计艺术的教育研究涉及设计主体思维和创造力的研究；设计艺术社会学、文化学所研究的设计情境同时是设计心理得以产生、发展、变化的外部条件和重要源泉。

由此可见，作为以满足"人的需要"为核心的造物科学——设计艺术学，必须将以研究"人的行为及精神过程"为目的的心理学作为其重要科学基础和支柱。不少学者已经意识到设计心理对于设计实践和设计理论建设的重要性，开始在设计心理学研究领域做出宝贵的尝试。建立较为系统、完备的设计心理学体系也是中国目前蓬勃发展、日益壮大的设计学科走向成熟的必经阶段，是学科建设的必然结果。

3.利于人才培养

设计心理学将着眼于人才培养的教育课题，为设计专业的学生学习心理学常识，增强心理素质而架桥铺路。设计专业的学生在学习与成长阶段，究竟学什么，怎么学，才能早日成为中国设计大军的后备人才；未来的设计者怎样决定面对现实与未来的态度与趋向，决定自己的行为方式，形成良好的心理品质；怎样增强创新精神与创新能力；怎样具备独特的思维品质、合理的知识结构。这些都是设计心理学将着手研究的重要课题。

第三节　设计心理学的研究基础

一、心理的生理基础

心理学源自哲学，古希腊哲学家伊壁鸠鲁和他的学生亚里士多德都相信人的知觉、记忆、情绪、思维等心理现象都是由灵魂所控制的，Psychology（心理学）从字面上即psyche-logos，是关于灵魂的理念或学问。发展到19世纪末20世纪初，俄国生理学家将反射原则推广到了整个心理过程，更加坚信心理活动的实质是大脑和神经系统的物质机能。

1.脑的结构及其功能

（1）脑的结构

人们常说"心理是脑的属性"，心理活动依赖于脑的参与，人脑包括大脑皮层、小脑、脑干（包括间脑、中脑、脑桥和延脑）等部分，其分工如下。

大脑皮层：参与复杂心理过程，如逻辑推理、形象思维等。

小脑：运动协调，调节肌肉紧张程度和躯体运动，维持身体的平衡。

脑干：决定脑的警觉水平和警报系统。

另外，与设计心理紧密相关的还有：间脑、延脑、脑桥和中脑。

（2）大脑功能的一侧化

大脑是人脑中最重要的组成部分，是思维的器官，负责调节高级认知功能和情绪功能。大脑分为左右对称的两个半球，各有相对独立的意识功能。一般来说，左半球包含所谓的语言中枢，负责抽象思维、逻辑推理、分析、综合等思维活动；右半球主要的功能是处理表象，是形象思维中枢。

2.视觉感受器

视觉是艺术设计最依赖的感觉功能，也是研究最广泛的感觉通道，人眼是视觉的器官。人眼的主要构造包括：角膜、瞳孔、虹膜、晶状体、视网膜等。

（1）视网膜

视网膜上包含三层细胞，第一层是光感受细胞，第二层是双极细胞和其他细胞，第三层是节状细胞。第一层的光感受细胞包括锥细胞和杆细胞，前者能感受强光及色光的刺激；后者则对于微弱的光线比较敏感。两者负责感受光的色彩和明暗的刺激。

当我们周围的环境亮度发生变化的时候，人的眼睛会出现感光性下降的"明适应"和"暗适应"现象。

（2）眼动

人在观看对象时，眼肌会带动眼球向上下左右运动，以确保物体成像在视网膜上，这称为眼动。眼动包括三种基本类型：注视、眼跳和追随运动。

注视：将眼睛中央窝对准某一物体。注视被称为眼动的一种形式，实质上它并非静止不动的，而是伴随着三种眼动，即漂移、震颤和微小的不经意跳动。

眼跳：眼跳的目的是使下一步要注视的内容能落在中心窝附近。我们观看一个圆周的时候，眼睛并不是圆周运动的，而是通过一些注视点沿直线跳动，眼动轨迹由许多停顿和小的眼跳组成。

追随运动：当观看一个运动的物体的时候，如果头部不动，为了使物体成像在中心窝附近，眼球随之移动，这就称为追随运动。

（3）瞳孔

瞳孔是光线进入眼球的通道，瞳孔缩小减少光线进入量，放大增加进光量。有两种情况能使瞳孔的大小发生变化，一是光线强时瞳孔缩小，光线弱时则瞳孔放大；二是观看远处时瞳孔放大，看近处时瞳孔缩小。相关实验还发现恐怖的图像使人注意力提高，愉悦的图像能使人兴奋起来，瞳孔会张大。

（4）视敏度

视敏度（一般称为"视力"）是对物体细节辨别的能力，视敏度分为静态视敏度和动态视敏度，都受到环境条件的影响。当眼睛的晶状体的调节能力下降、瞳孔缩小、眼球内透明度下降，以及视网膜与相应的神经通道、中枢功能下降退化时，视敏度也随之下降，这就是老年人视力下降的主要原因。如果设计的目标群体被设定为中、老年，就应注意使文字和行距稍大，对比更鲜明；如果是数字界面，还应尽可能减少变化、降低运动和闪烁的频率。

3.其他感受器

感受器是人体内接受感觉刺激的器官，感受器上分布着神经末梢，受到一定刺激后能产生兴奋性冲动，并通过上导神经通道传递到大脑的感觉区，引起感觉。前面我们已经介绍了视觉的感受器——眼睛，下面，我们再简单介绍听觉、触觉、嗅觉和味觉等感受器。

（1）听觉

耳是人的听觉感受器，耳所能感受的刺激是声波。它接受声波后产生兴奋性冲动，传至大脑的听觉中枢，产生听觉。人所能感觉的声波具有一定阈限，一般是 $20 \sim 20000Hz$。听觉除了要限定在一定频率范围内，对于同一频率的声音，还具有振幅的感受范围。例如对于1000Hz的纯音，人能感受的振幅是 $0 \sim 120dB$。

（2）触觉

皮肤是触觉的感受器，皮肤浅层上有一些长圆柱状的小体，它是触觉的感觉细胞，人们能对于一定压力产生触觉。人体不同部位的皮肤具有不同的敏感度，其中手指尖的感觉最为灵敏，俗语说"十指连心"，就是说手指对于压力感觉特别灵敏。人对触觉的感觉发生在大脑皮层，而并非以往人们所认为的心脏。

（3）嗅觉

鼻是嗅觉的感受器，鼻腔上有一层嗅黏膜，上面布有嗅细胞，能对气味分子产生神经冲动。有人正在研究一种能够传递味道的网络数字设备，其设想是该设备能发出不同气味，当人们浏览食品、香水网站时，设备能发出相应的食品气味，给人们提供除了图像、音频之外的新的感官刺激。

（4）味觉

舌是味觉的感受器，舌头的表面密布乳突，它使舌头的表面凹凸不平，乳突中所含的味蕾，即味觉感受细胞，这些感受细胞分别对于五种味觉——甜、酸、苦、辣、咸中的一种反应强烈。味觉和嗅觉总是联系在一起，即所谓的"味道"；我们可研究味觉和嗅觉的关联来有效引导人们产生良好的情感体验。

4.反射与行为

反射是最基本的神经活动，也是实现心理活动的基本生理机制，是感受器受到刺激后引起的神经冲动，再通过内导神经纤维传至神经中枢，经神经中枢的加工，再通过外导神经纤维传到效应器（肌肉和腺体）引起的活动。

行为是人对外界刺激产生的积极反应，可以是有意识的，也可以是无意识的。行为的基本单元是动作，包括语言及脸部肌肉动作表示出的表情。

反射可以分为无条件反射、经典性条件反射以及工具性条件反射。

二、感觉和知觉特性

1.感觉

感觉是人脑对直接作用于感觉器官的客观事物个别属性的反映。感觉是刺激作用下分析器活动的结果，分析器是人感受和分析某种刺激的整个神经机制。它由感受器，传递神经和大脑皮层响应区域三个部分组成。

（1）感觉的重要性

感觉是一种最简单的心理现象，但他有极其重要的意义。

a.它是一切比较高级、复杂的心理活动的基础。

b.是人认识客观世界的开端，是一切知识的源泉。

c.是人正常心理活动的必要条件。

（2）外部感觉和内部感觉

a.外部感觉：视觉、听觉、嗅觉、味觉、皮肤觉。

b.内部感觉：运动觉、平衡觉、内脏觉，但是纯粹感觉在实际中很少的，除了刚出生的婴儿外一般感觉和知觉总是联系在一起，单纯感觉很少。所以研究设计中的视觉其实就是设计与视知觉联系。

（3）感觉的基本特性

a.适宜刺激：感官最敏感的刺激形式。

b.感觉阈限。

感觉阈下限：引起感觉的最小刺激量。

感觉阈上限：能产生正常感觉的最大刺激量。

差别感觉阈限：刚刚能引起差别感觉的刺激最小差别量。

c.适应：在刺激不变的情况下，感觉会逐渐减少以致消失的现象。

d.相互作用：在一定的条件下，各种感觉器官对其适宜刺激的感受能力都将受到其他刺激的干扰影响而降低，由此使感受性发生变化的现象。

e.对比：同一感受器官接受两种完全不同但属于同一类的刺激物的作用，而使感受性发生变化的现象。

f.余觉：刺激取消后，感觉可存在一极短时间的现象。

2.知觉

知觉是设计心理学的重要研究组成部分，也是创新设计的突破口之一。知觉以符号的方式显现出来。因此，掌握用户对符号信息的知觉体验，是设计师获取用户设计体验的法宝，也成为促使设计师获取设计信息的主要通道。那究竟什么是知觉，他又有什么特性呢（图1-13）。

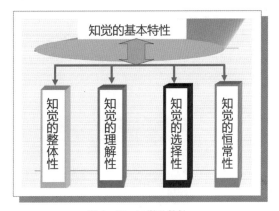

图1-13　知觉的特性

（1）知觉基本概念

知觉就是人脑对直接作用于感觉器官的客观事物的整体属性的反映，一般知觉按不同标准可分为几大类。

a.根据知觉起主导作用的器官分类，可分为视知觉、听知觉、触知觉等。

b.根据知觉对象分为空间知觉，时间知觉，运动知觉等。

c.根据有无目的分为无意知觉和有意知觉等。

d.根据能否正确反映客观事物分为正确知觉和错觉，通常把不正确的知觉称错觉。

（2）知觉的基本特性

a.知觉整体性

知觉的对象是由不同的部分、不同的属性所组成的。当它们对人发生作用时，是分别作用或者先后作用于人的感觉器官的。人并不是孤立地反映这些部分或属性，而是把它们有机地结合起来，知觉为一个统一的整体，原因是多种事物都是由各种属性和部分组成的复合刺激物，当这种复合刺激物作用于我们感觉器官时，就在大脑皮层上形成暂时神经联系，以后只要有个别部分或个别属性发生作用时，大脑皮层上有关暂时神经系统马上兴奋起来产生一个完整映象，如图1-14为知觉整体性，图1-15为影响知觉整体性的因素。

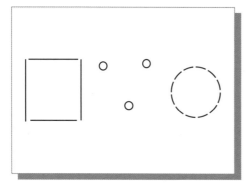

图1-14　知觉整体性

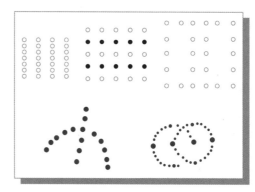

图1-15　影响知觉整体性的因素

b.知觉选择性

客观事物是多种多样的，在感知客体时，总是不能同等地反映来自客体的信息，而是有选择地把握其中的某些部分作为知觉对象，把它与背景区别开来，做出清晰反应，这便是知觉的选择性（图1-16）。知觉选择依赖于两个条件。

图1-16　知觉的选择性

对象与背景差别：对象与背景差别越大，越容易分出来，反之越难。

对象各部分组合：刺激物各部分组合常常是我们分出知觉重要条件，有接近和近似组合。

c.知觉理解性

在感知当前事物时，人总是借助于以往的知识经验来理解它们，并用词标示出来，这种特性即为知觉理解性。人的脑海里存在着大量的知觉经验，人在认知世界的时候总是不断地进行着抽象、概括、分析、判断等过程，直到对象转化为人的知觉概念。主体在接受到来自外界的刺激信息时，总是先将这些刺激信息的组成部分进行分析，并将刺激信息的突出特征同主体以往的记忆、经验相比较，最后做出适合于个体的知觉判断，而这种判断能够被主体理解的有意义的信息整合（图1-17）。

d.知觉恒常性

当知觉的对象在一定范围内发生了变化，知觉映像仍然保持相对不变。比如，人对色彩的知觉敏感性不强，我们微微改变颜色的某个要素。如色相、明度、饱和度，我们单独去看每一种颜色时，我们发现不出颜色发生了变化，只有在前后的反复比较中才能鉴定出来。

大小恒常性：观看距离在一定限度内改变，并不影响我们对物体大小知觉判断。

形状恒常性：指尽管观察物体角度发生了变化，但我们仍能把它感知为一个标准形状。

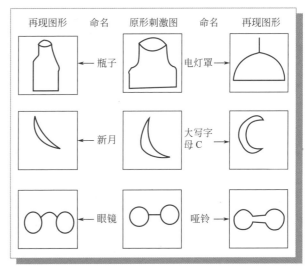

图1-17　知觉理解性

亮度恒常性：尽管事物明亮度改变，但我们对物体表面亮度知觉不变。

颜色恒常性：指物体虽颜色改变了，但我们还能感觉到原来颜色。

（3）影响知觉特性的因素

a.形态对知觉特性的影响

如图1-18是丹麦设计师汉宁森不同时代的灯具，因其形态优雅别致，带给人不同的心理感受和精神情调。

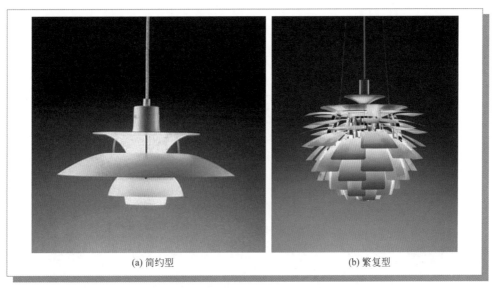

(a) 简约型　　　　　　　　　　(b) 繁复型

图1-18　汉宁森不同时代的灯具

b.空间对知觉特性的影响

空间知觉包括对对象的大小、方位和远近等的知觉，它一般是通过多种感觉器官的协同工作实现的。它可以分成距离知觉（也叫深度知觉）和方位知觉。

c.色彩对知觉特性的影响

色彩在人们的社会生产生活中具有十分重要的作用，正确利用色彩效果能减轻疲劳，能给人带来兴奋、愉快、舒适，从而提高工作和学习效率。人们对色彩的偏好受年龄、性别、种族、地区的影响，同时也受文化修养和生活经历的影响。色彩心理是客观世界的主观反映，不同波长的光作用于人的视觉器官以后，产生色感的同时，大脑必然产生某种情感的心理活力，从而影响受众的知觉特性，如图1-19为色彩和材质带给人与众不同的视觉感受。

图1-19　色彩、材质与情感体验

d.质料对知觉特性的影响

质料在视觉、触觉、嗅觉、听觉方面给人的感觉都不尽相同，所产生的知觉特性也就千差万别，在为产品选择材料时要深入思考不同材质的不同知觉特性、肌理效果等。不同的表面处理技术也会造成不同的肌理效果（所谓肌理效果，即产品表面的纹路与结构），给人的感受也不同。

另外，在产品设计时如果能根据产品的特性和功能，从自然肌理中获取灵感，选用仿生性较高的材质，会使产品体现出自然、弹性、耐磨等特点。如图1-20是设计师材质

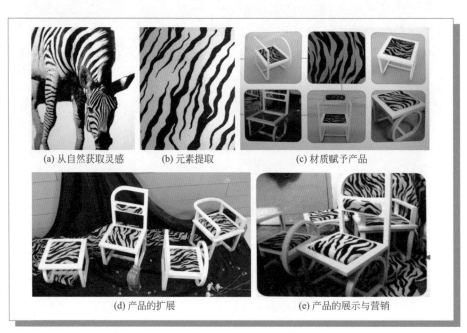

(a) 从自然获取灵感　　(b) 元素提取　　(c) 材质赋予产品

(d) 产品的扩展　　　　(e) 产品的展示与营销

图1-20　材质探究的全过程

探究的全过程，首先对原生态的斑马外在质地、色彩进行归纳提炼，然后根据这些特点制作出人造替代品，最后将这些材质赋予具体的产品并进行可用性测试。这一方法应避免伤及野生动物。这些经验性的知识需要设计师在大量的实践与调查中逐渐积累，不可轻视，并综合探究，最后找出一种真正属于产品的质料。

（4）视知觉

视知觉是一种复杂的心理现象，受到社会文化与个人经验的影响，它包括形态知觉、空间知觉、颜色与光知觉、质料知觉、错觉等因素。视知觉心理不是理性层次上的思维活动，不是理性逻辑的比较、推理与判断，它是在直觉领域（包括潜意识领域）内的、有选择的、主动的知觉反应，这种反应导致一种直觉的判断，是产生于纯粹理性判断之前的导致某种心理倾向或取舍抉择的过程。

视知觉的产生是由于光波作用于视觉分析器而产生的，视觉适宜刺激波长在380～760毫微米之间光波，也叫它可见光，视觉器官是人眼球（按功能分折光系统和感光系统两部分）。

a.常人对平面空间的视知规律

在垂直方向上，由于地心引力即重力关系，人们习惯了从上向下观看，水平面上，人们习惯从左向右观看，这与文字从左向右常见排列方式是一致的。

运动中视觉：人们观看除了定点相对静止的审视对象外，更多的是运动和参照，即移步换景，多视角、多方位感知。

b.正负形关系

心理活动具有一定的方向性，指向某个事物或者事物某一个部分，使之成为注意的中心，同时将中心周围事物或部分处于注意的边缘，将离中心更远的事物处于注意范围之外，这种图形的视知觉注意中就表现为所谓"图—底"关系，注意中心成为"图"，而注意也变为"底"即背景。图底关系慢慢转变成正负形，正负形是现代设计，特别是平面设计中应用视知觉的一个重要方面（图1-21）。

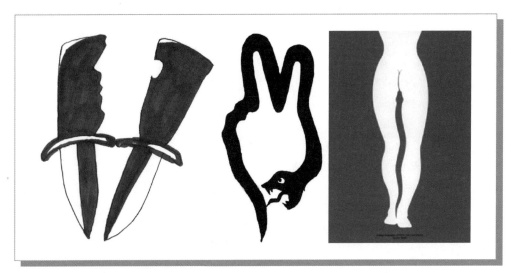

图1-21　正负形

如果要达到分辨图形目的，就需要造成图与底一定的差别，一般来说差别越大图形就越容易被认出。以上分析集中在相对独立的图形被观众辨认和注意的情况。

c.在设计中，我们还会遇到一些相同或不同的物体或因素组成一个视知觉整体，从周围其他事物组成的环境背景中分离。

接近：在空间位置上相互接近的物体，易成为一个视知觉整体。

相同性：形式上相同或相似的物体易成为一个视知觉整体。

连续性：一个不完整图形，当其结构具有某种连续性时，可以被看成是封闭或完整的。

三、消费心理学与用户体验分析

消费心理学是一门应用心理学，也是营销科学的分支，虽然其研究目的主要是针对消费者的心理现象，但研究对象却是消费者的外显行为，因此它也被称为"消费行为学"。如图1-22绝对伏特加酒通过无所不在的广告，成功赢得不同个性的消费者。

图1-22　绝对伏特加酒广告

消费行为学强调研究高度复杂的消费者，如何决定将其有限的可用资源——时间、金钱、努力，花费到消费项目中去，以及如何通过对消费者心理现象的把握来影响消费者的认知、情感、态度和决策行为。

借助消费心理学消费行为学基础，当下更直接的是针对用户使用过程中的情感体验进行定性定量分析，简称用户体验分析（User Experience Design or UED/UXD）。用户沉浸在设计师所设定的有形的产品、服务、空间或无形的交互、服务中，会产生令人难忘的情感表达和情绪记忆，这些情感和体验记忆是被设计师所设计、生产、创造营收的经济物品，而并非只是一种虚无缥缈的感觉。

02

第二章

设计心理学研究主体

导 读：

未来设计肯定会越来越尊重用户的文化认同和情感体验；未来设计离不开独创，创造力的培养与激发是设计人才培养的关键；未来设计离不开审美品位，审美心理过程是设计师必须了解并尊重的规律。

设计心理学是以满足用户需求和情感体验为目标，同时研究设计活动中相关主体心理活动的发生、发展规律的学科。

让我们一起来分享最前沿的、有独创性又充满审美情趣的案例；了解设计心理学的研究对象和范畴；深度探讨设计师个体心理特征，特别是设计师的审美心理、情感心理和创造性思维能力。

第一节　设计心理学的研究对象和范畴

一、设计心理学的研究对象

和其他心理学研究对象类似，设计心理学主要研究相关活动主体的心理活动规律。设计心理学研究也仅能凭借主体的外显行为、现象来推测其心理机制。艺术设计活动中的主体类型多样，最主要的可分为设计主体和设计目标主体（用户或消费者）两类，根据其心理和行为特性，又可以将这两者视为不能直接窥视的"黑箱"，即消费者（用户）黑箱以及设计师黑箱，如图2-1，它们是设计心理学的主要研究对象，也是研究的重点。

从心理学研究来看，影响主体的心理活动的因素，即心理学的研究包括四个部分：第一是基础部分，包括生理基础和环境基础，其中生理基础是主体一切心理活动和行为的内在物质条件。环境基础是产生心理活动和行为的外在物质条件。第二是动力系统，包括需要、动机和价值观理念等，这是人的心理活动和相应行为的驱动机制。第三是个性心理，包括人格和能力等，它是个体之间的差异性因素，并使个体的心理、行为存在独特性和稳定性。第四是心理过程，普通心理学将其划分为知（感知和记忆）、情（情绪和情感）、意（意志或意动）三个部分。

心理过程的发生，是主体接收内、外环境的刺激或信息，在动力系统的驱使下，受个性心理的影响而产生相应设计心理活动和行为的全过程。

设计心理学的研究对象——主体和用户，其心理行为也同样包含以上四个部分，并外显于围绕艺术设计的一系列行为之上。从用户的角度来看.包括了用户选择、购买、持有、使用甚至鉴赏这一系列消费过程中的全部心理行为；从设计主体的角度来看，则是以"创造"为核心的一系列设计行为，并且正如设计心理学的定义中加以强调的那样，环境和情境也是影响艺术设计主体心理的主要因素。因此，围绕设计的其他主体行为如制造、营销、管理、维护、回收等，也应在研究中加以综合考虑。

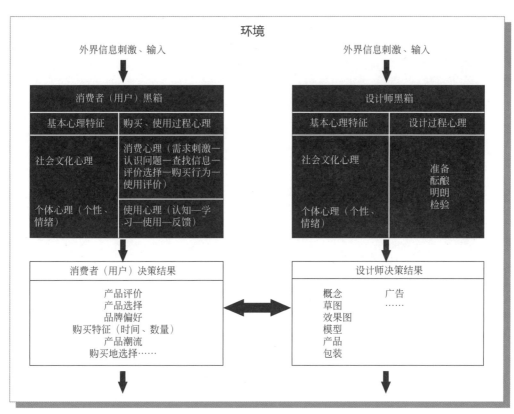

图2-1　黑箱理论示意图

二、设计心理学的研究范畴

艺术设计是一项有目的的创造性活动，具有实用与审美双重属性。

实用与审美是消费者心理的两个主要方面，二者既相互区别，又相互联系（如图2-2）。

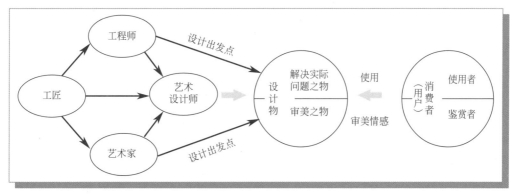

图2-2　实用与审美的区别与联系

首先，作为审美对象的艺术品，很多情况下可以被视为有闲阶级的奢侈品，这种情况下的艺术呈现出"脱离功利"的色彩，而仅仅对知觉产生作用。而实用对象则不然，与所有存在的客体一样，它的美在于"显示出赋予它本质的充实性"，适合于其预期的用途。

其次，设计艺术本身既不同于一般的实用对象，也不同于以审美感知为目的的艺术作品，其同时包含实用性和审美体验两重属性，并且这两种属性天然地结合在了一起。

从设计主体（设计师）的角度来看，设计师用设计将产品与用户联系在一起。设计的重要职责在于沟通用户与制造方之间的供需关系。设计师应能洞悉用户对于超出产品功能之外更加主观性的需要——情感方面的需要。

综上所述，设计心理学的研究范畴又可延展到以下三个方面。

第一，如何使设计易于使用，最大限度地实现它的核心功能。这是设计的基点，尤其是对于工业设计，它的重点在于，通过心理学研究是否能更好地解决这一问题，即如何使产品符合人的使用习惯，做到安全、易于掌握、便于使用和维护，与使用环境相匹配。

第二，如何使设计在商业营销中获得成功。这个层次的设计艺术心理学主要针对用户"情感体验"的问题。设计心理学解决的是如何使产品符合用户超出"使用"需要之外的多样性需要，在用户对设计物进行选择、购买、持有、使用以及鉴赏等一系列消费过程中更加吸引消费者，在异常激烈的市场竞争中获胜的问题，本书统称为"情感"因素。

第三，设计师心理，即研究设计师在设计过程中，围绕设计实践活动所产生的心理现象（设计思维）及其影响要素——"创造力"的问题。在这一层面上，设计心理学的目的在于运用心理学，特别是创意思维的特有属性，帮助设计师拓展思维，激发灵感；并且还可用于设计教育中，帮助设计专业学生培养和提高其设计创意能力。

从这三个层次的划分来看，用户心理研究主要涉及了第一、二两个层面，关注围绕用户购买、使用、评价及反馈这一整体过程中的用户（消费者）的心理现象及影响要素，但研究的结果和最终目的则是针对第三个层面，是为了给设计师提供设计的素材、方法手段和灵感来源。

第二节　设计师个体心理特征

设计离不开独创，创造力的培养与激发是设计人才培养的关键；设计离不开审美品位，审美心理过程是设计师必须了解并尊重的规律；未来的设计可能会越来越强调情感体验。

一、设计师人格与创造力

1.个体的创造力

（1）定义

创造力是指设计师根据一定目的和任务，运用一切已知信息，开展能动思维活动，产生出某种新颖、独特、有社会或个人价值的想法和产品的智力品质。近似于人们常说到的"灵感"，如图2-3创意与灵感。创造力具有如下一些基本特征。

a.首创特征，"无"是创造产生的前提，创造产物应该是前所未有的。

b.个体特征，指创造的个体属性。

c.功利特征，创造产物应该实现新的价值。

（2）创造力的要素

美国心理学家乔伊·保罗·吉尔福德总结出创造力的六个要素。

a.敏感性（sensitivity），即对问题的感受力。

b.流畅性（fluency）。

c.灵活性（flexibility）。

d.独创性（originality）。

e.洞察性（penetration），即透过现象看本质的能力。

f.重组能力或者称为再定义性（redefinition），即善于发现问题的多种解决方法。

设计活动中，独创性是最重要的特性。

（3）创造力的动态结构

创造力是一种解决特殊问题的能力，是异于常规的求解之道。个体创造力具有完整的结构模式，这是由物质世界的整体性和统一性决定的。如图2-4创意思维动态结构。

a.发现问题的能力，指从外界众多的信息源中，发现自己所需要的、有价值的问题的能力。如图2-5光盘系列创意，是对光盘上圆孔的创造性发现。

b.明确问题的能力，明确问题就是将获取的新问题纳入主体已有的知识经验中存储起来。所有的相关信息能有效地被提取并应用，使得问题信息始终处于活跃状态，以诱发创造者产生灵感。

c.阐述问题的能力，指用已掌握的知识理解和说明未知问题的能力。

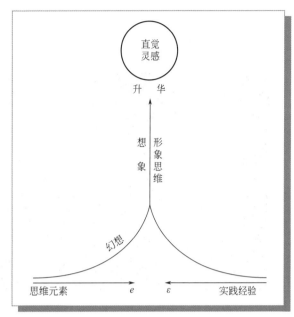

图2-3　创意与灵感

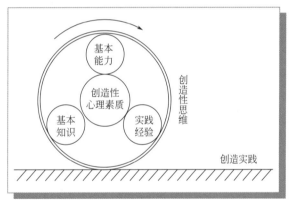

图2-4　创意思维动态结构

图2-5　光盘系列创意

　　d.组织问题的能力，指对问题的心理加工和实际操作加工的能力。如图2-6是对基本元素创造性的重组。

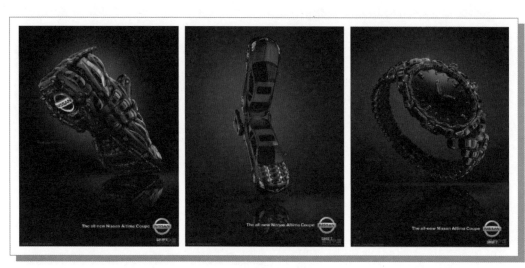

图2-6　创意重组

　　e.输出问题的能力，指将解决问题的方案，用文字或非文字的形式呈现出来的能力。

2.设计师的人格

（1）人格特征

　　每个设计人都梦想成为设计大师。究竟是什么造就了设计大师呢？其最重要的决定因素之一就是个人的人格因素。人格即比较稳定的对个体特征性行为模式有影响的心理品质。

　　吉尔福德和其他学者们提出了创造力的基本人格特征。许多心理学家也分别从不同领域展开创造力人格的研究，研究表明，非凡的创造者通常都具有独特的个性特征，但是不同类型、不同领域的创造者的人格特征也具有其独特性。

　　美国学者罗（Anne Roe）通过多个领域的艺术家和科学家的研究，发现他们都有一个共同的特质，那就是努力以及长期工作的意愿。罗斯曼（Rossman）对发明家人格的研究也发现他们具有"毅力"这一个性特征。如图2-7创造力是在长期实践中发展的。

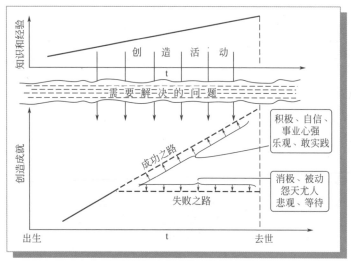

图2-7　创造力在实践中发展

　　此外，设计师还需要具

有一种发明家的创造性人格特征。例如沟通和交流力、经营能力等，这些虽然对于艺术设计创意能力并没有直接影响，但是能帮助设计师弄清目标人群的需求、甲方意志、市场需要等，间接帮助艺术设计师做出既具有艺术作品的优美品质，又能满足消费者、大众多层次需要的设计。

（2）个体品质

优秀的设计作品源于设计师具有"良好的心态+冷静的思考+绝对的自信+深厚的文化"。

a.知识素养

创造力是一种综合能力，尽管创造过程是一个思维过程，但离不开创造个体知识的积累和知识结构的性质。设计师的素养，就是指从事现代设计职业和承担起相应的工作任务所应当具有的知识技能及其所达到的一定水平，是一种能力要求。如图2-8的系列作品蕴涵着作者靳埭强先生融贯中西的独特知识结构，特别是他人难以企及的深厚传统文化素养。

图2-8　传统文化海报

设计师的知识结构划分为如下三个层次。

一般文化科学知识。其中包括必要的人文社会科学、自然科学知识和基本的哲学知识。

专业基础知识。主要指设计理论、设计史、设计相关的基本美学知识及训练。设计师通过掌握设计相关理论知识和了解设计史，明晰设计发展脉络并掌握设计发展规律，有助于设计师养成良好的思维方式并可对未来设计做出正确的预测。

设计专业知识。是针对具体设计类型设置的具有针对性和专业性的学科知识。这些知识基本上反映了各类型设计的技能要求和本质属性，是设计门类的核心知识。

b.设计能力

设计能力并不是一种单一的能力，而是多项能力相结合并相互作用所呈现出的综合性能力。设计师除了应该具备完成大多数行为所需要的基本能力（如记忆、思维、想象、理解等）之外，还需要具备一些与设计直接相关的专业能力。

观察和理解的能力，即针对设计客体所进行的深入的剖析、理解的能力，是掌握相关构成要素及概括的能力。

创造能力，每一次真正意义上的设计活动都应该是一次创造活动，哪怕是局部性的创造。

分析和解决问题的能力。对设计中出现的问题能够给予理性分析，并捕捉到问题的实质和难点所在。

表达能力，表达能力不仅局限于语言学中的表达，它还包括造型表达能力。表达能力的高低反映了设计师思维转换能力的高低。

c.个性品质

创造力是多种能力的协调活动，但也与创造个体的品质有关。不同的个体品质有时会极大的影响创造主体的思维方式和解决问题的方法。

兴趣，"兴趣是最好的老师，兴趣是求知欲的原动力和出发点。"兴趣是一种积极的、选择性的态度和情绪，它对于设计创造具有较大的推动作用。

意志，意志是人自觉地确定目的并支配其行动以实现预定目的的心理过程，它建立在自觉意识的基础上，是能动改造客观世界、寻求问题答案的主观动机。意志品质会作为内在驱动力推动设计实现。

自信，自信是一种积极的自我体验，是确定自我能力的心理状态和相信自己能够实现既定目标的心理倾向。自信能保持设计师乐观的工作态度和不断进取的精神。

合作，设计项目都需要各类型设计师与专业技术人员（如工程师、模型制作师、营销专家）组成设计团队完成设计项目。因此，设计师应具有良好的职业道德和团队协作意识。

3.设计师"天赋论"

创造力是设计师能力的核心，设计所具有的类似于艺术创作的属性，使得许多人认为设计能力主要是一种天赋，只有少数某些人才可能具备，即设计师"天赋论"，这种"天赋"的观念非常普遍，但究竟有没有科学根据呢？

从理论上而言，天赋是个体与生俱来的解剖生理特点，尤其是神经系统的特点，对于从事设计工作是有益的。某些人与生俱来的人格特质使其更适合于艺术设计的工作，例如较高的灵活性、好奇心、感受力、自信心、自我意识强烈等。

天赋固然是一个优秀设计师成长的必要基础，但是后天形成的性格特质和工作动机，却决定了天赋是否能真正得以发挥并转化成现实的创造。设计师在既定的天赋基础上，如何能增进个人从事艺术设计活动的能力，取决于两个方面的因素：一是通过学习和训练进行设计思维能力的培养，提高创意能力；二是个人性格的培养和塑造，通过性格的磨砺以提高动机方面的因素。

4.设计师的创造力培养与激发

设计艺术心理学中创造力研究的主要目的，是帮助设计师充分挖掘和发挥其创造力，提高设计师的设计创意水平。设计师创造力的培养和激发包括两个方面的内容：一是设计思维能力的培养，主要侧重于培养设计师思维过程的流畅性、灵活性与独创性；二是通过某些组织方法激发创意的产生。

（1）设计师设计思维能力的培养

正如前面创造力的结构部分中所提到的，创造力与许多个人素质和能力密不可分。

例如好奇心、勇敢、自主性、诚实等，对设计师的培养中非常重要就是要鼓励他们大胆地表达自己别出心裁的想法和批评性的意见。

创造力的培养，首先，就是创造自由宽松的设计环境，解放设计师的思维，让他们大胆想象，让思维自由漫步。其次，提高设计者的创造性人格，例如培养设计师的想象力、好奇心、冒险精神、对自己的信心、集中注意的能力等。再次，培养设计者立体性的思维方式。立体的思维方式又称为横向复合性思维，它是强调思维的主体必须从各个方面、各个属性、全方面、综合、整体地考虑设计问题，围绕设计目标向周围散射展开。这样，设计者的思维就不会被阻隔在某个角度，造成灵感的枯竭。最后，培养设计者收集素材、使用资料和素材的能力，增强他们进行设计知识库的扩充和更新能力。

（2）创造力的组织方法培养

一些有效的组织方式已经被设计出来，它们能提高设计师的注意力、灵感创造力的发挥。比较著名的方式有头脑风暴法（brain storming）、检查单法、类比模拟发明法、综合移植法、希望点列举法等。如图2-9各种思维模式图。

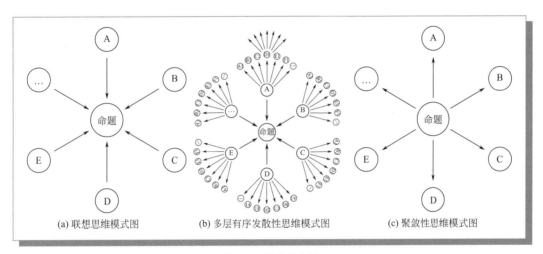

(a) 联想思维模式图   (b) 多层有序发散性思维模式图   (c) 聚敛性思维模式图

图2-9　思维模式图

a.头脑风暴法

也称"头脑激荡法"，由纽约广告公司的创始人之一A.奥斯本最早提出，即一组人员运用开会的方式将所有与会人员对某一问题的看法聚积起来以解决问题。实施这种方法时，禁止批评任何人所表达的思想，它的优点是小组讨论中的竞争状态能使成员的创造力更容易得到激发。

b.检查单法

也称"提示法"，即把现有事物的要素进行分离，然后按照新的要求和目的加以重新组合或置换某些元素，对事物换一个角度来看。

c.类比模拟发明法

即运用某一事物作为类比对照得到有益的启发。这种方法对于以现有知识无法解决的难题特别有效，正如哲学家康德所说："每当理智缺乏可靠论证的思路时，类比这个方法往往能指引我们前进。"这一方法在艺术设计中早已广泛运用。

d.综合移植法

即应用或移植其他领域里发现的新原理或新技术。例如"流线型"最初来源于空气动力学的实验研究，而由于它的流畅、柔和的曲线美，在20世纪三四十年代成为风靡世界的流行设计风格，被广泛地运用在汽车、冰箱甚至订书机上。如图2-10流线型结构的应用。

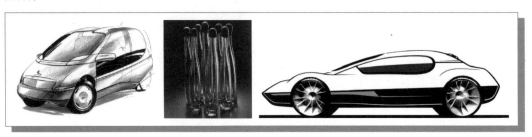

图2-10　流线型结构的应用

e.希望点列举法

即将各种各样的梦想、希望、联想等一一列举，在轻松自由的环境下，无拘无束地展开讨论。例如在关于衣服的讨论中，参与者可能提出"我希望我的衣服能随着温度变薄变厚"，"我希望我的衣服能变色"，"我希望衣服不需要清洁也能保持干净"等。

二、设计师的审美心理

1.设计审美

（1）设计的审美活动

a.审美活动的概念

审美活动是指人观察、发现、感受、体验及审视特有审美对象的心理活动。

在审美活动中，首先由人的生理功能与心理功能相互作用，将看到的、听到的、触摸到的感知形象，转化为信息，经过大脑的加工、转换与组合，形成审美感受和理解。

b.设计审美的心理活动

设计的审美活动不同于一般所指的审美活动，设计审美活动不是被动的感知，而是一种主动积极的审美感受，是由积淀着的理性内容的审美感受经过感知、想象来主动接受美的感染，领悟情感上的满足和愉悦。设计的审美活动是从精神上认识世界，改造世界的方式之一，是人的本质力量感性显现的主要渠道。

（2）设计的审美关系

a.审美关系的概念

人在审美活动中与客观世界产生的美与创造美的关系，即人与客观存在的审美关系。包括：人与审美对象的时间关系，人的意识与客观事物之间的审美关系；人反作用于客观现实、创造美、发展美的关系；它们相互制约与渗透，构成审美关系的客观基础。

b.设计的审美关系

被主体认识、欣赏、体验、评价与改造的具有审美物质的客观事物，称审美客体。

审美客体与审美主体构成审美关系。

在设计的审美关系中，客体制约着主体。设计实践产生审美的需要，沟通设计者与客体美的联系，锻炼了设计者审美、创造美的能力，使设计者通过审美认识客体，并改造客体。这样，设计面临的客观世界成为审美的客体，设计者成为审美的主体，设计活动构建了从无到有、由简单到复杂的设计的审美关系。

（3）设计的审美对象

a.审美对象的概念

被主体认识、欣赏、体验、评价与改造的具有审美意义的客观事物，称为审美对象。它具有形象性，如客观事物的形状、色彩、质地、光影与声响等；丰富性，"大千世界，无奇不有"，独特性，每一个审美对象都有各自的实质与特征。审美对象最重要的特征是具有美的感染性，能使人达到荡气回肠的愉悦程度。

b.设计的审美对象

设计的审美对象主要是设计的成果，即造物活动的创造成果。设计活动既要按照美的规律，又要根据人的审美需要改造与创新，又要以自然、社会、艺术为审美对象，使

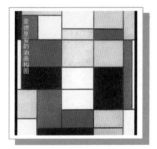

图2-11　蒙德里安经典作品

设计的成果能激起人的审美感受和审美评价，使设计成果成为人的审美对象，并推动审美对象的发展。

当审美对象激起审美创造的欲望时，他们会赋予创造成果以美的感染力与兴奋点，激发使用与欣赏的审美激情，使人们以设计成果为审美对象，陶醉于幸福与美好中。如图2-11是蒙德里安经典作品，在此风格的审美启迪而产生了无数优秀设计，如图2-12是里特维尔德借鉴风格派审美的创新作品。

图2-12　里特维尔德借鉴风格派审美的创新作品

（4）设计的审美主体

a.审美主体的概念

人是审美的主体，即认识、欣赏、评价审美对象的主体，包括个人与群体。

b.设计中的审美主体

设计者是设计活动中的审美主体。通过对客观世界的审美感受，以审美主体的意志创造了设计的成果，为人们使用与欣赏提供了审美对象。包括设计者在内，每一个人都是设计成果的审美主体，也都是以客观世界为审美对象的审美主体。无论是设计者还是使用者、欣赏者，作为审美主体都存在着复杂性、差异性和发展性。

（5）设计的审美欣赏

a.审美欣赏的概念

审美主体对审美客体的感受、体验、鉴别、评价和再创造的审美心理活动过程称为审美欣赏。审美欣赏主要是形象思维过程，是从对具体可感的形象开始，经过分析、判断、综合到想象、联想、情感的心理活动，来实现审美主体与客体的融合与统一。因此常用"品味"一词来代替审美欣赏的说法。如图2-13靳埭强先生作品体现时尚品位。

图2-13　靳埭强作品

b.设计中的审美欣赏

设计者凭借自身的审美欣赏能力，以形象思维的方式进行美的创造，为人们提供审美欣赏的对象。因此，设计者除了自身的审美欣赏，主要的是解决如何付诸艺术的魅力，满足人们的审美欣赏。

审美欣赏的层次又取决于人的思想、情感、性格、气质与能力，取决于审美创造者的审美价值观、人生观、艺术修养。设计者与艺术家们从自身做起，具备了高雅的、健康的、积极的审美欣赏的层次与指向，才能引导与塑造人们的审美取向，形成一个时代的审美欣赏爱好与趣味。

2.设计审美心理过程

设计的审美心理过程是在原有心理结构的基础上，审美心理活动发生、发展和发挥能动作用的过程。与人的其他心理活动方式一样，审美心理经历着认知过程，情感过程与意志过程。即有感才有知，有知才有情，有情才有志的心理过程。审美心理过程具体分为以下三个阶段。

第一阶段，审美心理的认识过程，即由感受、知觉、表象到记忆分析、综合、联想、想象再到判断、意念理解的过程；

第二阶段，进入情感过程，产生审美的心境、热情、抒情和移情共鸣、逆反等情绪活动的过程；

第三阶段，是审美的意志过程，包括目的、决心、计划、行为、毅力等。

三、设计师的情感

1.情感设计

情感设计即强调情感体验的设计。艺术设计是实用的艺术，使用性和目的性是它的本质属性。设计物中的情感体验从一开始就脱离不了功利性的目的。

情感设计是设计师通过对人们心理活动，特别是情绪、情感产生的一般规律和原理的研究和分析，在艺术设计作品中有目的、有意识地激发人们的某种情感，使设计作品能更好地实现其目的性的设计，例如在家居设计中体现温馨，在工具设计中体现效率和速度，在警告性标记中激发恐怖感或警惕感等。如图2-14科拉尼的仿生作品，体现出作者对大自然深深的挚爱，也让观者产生回归自然的愉悦和亲切。

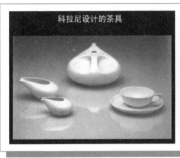

图2-14　科拉尼的仿生设计

理解情感设计，应从两个方面入手：第一，是作品的艺术价值，集中体现为它们能激发人们的某种情感体验，在美学中被统称为"审美体验"；第二，功能性，是设计艺术的本质属性，设计艺术的情感体验更在于使用物品的复杂情境下，人与物互动中产生的综合性的情感体验，它具有动态、随机、情境性的特点。

综上所述，情感设计的核心相应也在于两个方面的情感激发：一方面利用设计的形式以及符号语言激发观看者适当的情感，例如效率感、新奇感、幽默感、亲切感等，促使他们在存在需求的情况下产生购买行为，或者激发他们潜在需求，产生购买意念；另一个方面，使处于具体使用情境下的用户产生适当的情绪和情感，具体包括：提高设计可用性、使用的趣味性，并且在某些设计作品的使用过程中提供一定思考的余地，使用户具有想象的空间和能动发挥的余地，体会到自我实现和征服的乐趣等。

2.设计物的情感体验

（1）设计情感的三个层次

现代设计的造型趋于抽象、简化，如何激发人们产生各种复杂的情感体验呢？

其心理机制至少应体现于直观、意象和象征三个层次之上。

第一个层次，造型自身的要素以及这些要素组合形成的结构，能直接作用于人的感官而引起人们相应的情绪，例如寒冷、温暖、收缩、刺激等；同时伴随着相应的情感体验，例如温暖明亮伴随着愉悦，寒冷幽暗伴随着厌恶或伤感等。如图2-15学生开发的情感丰富的水果时钟，带给人耳目一新的明快直观的感受。

第二个层次，造型的要素以及它们的结构使人们无意识或有意识地联想到具有某种关联的情境或物品，并由于对这些联想事物的态度而产生连带的语义和情感，我们界定为"意象"。

第三个层次，在于形式的象征含义，观看者通过对形式意义的理解而体验相应的情

图2-15　情感丰富的水果时钟

图2-16　水滴形时钟设计——流逝

感，这是最高层次的情感激发与体验。设计中那些意象的或抽象的造型，其形式作为创造者有意识运用的符号语言，试图说明或表征特定的内容，供观看者根据自身的知识经验对形式加以解读和诠释。与联想激发的情感不同之处在于，符号具有既定的含义，是创作者有意识运用的交流语言。比如图2-16水滴形时钟设计，名为"流逝"，如果观看者对古人"滴漏计时"的背景一无所知，那么这组设计就对他而言不具任何含义；相反，如果具有相应的文化背景知识，就具备了解读设计师符号语言的能力，才可能领会设计的幽默与诙谐。

解读一项设计作品给人们带来的情感体验时，可从以上三个层次着手，进行分析和理解。

（2）形的情感

孤立、独立的点、线、面本身似乎很难激发人们强烈的情感体验，不过实验美学的研究者们常提取一些异常简单的形状做试验，结果发现简单的图形要素也能激发相应情绪。我们从基本要素的情感体验着手，将这些要素通常引起的情感的方式进行分析和归纳，并结合相应的训练，来提升设计者通过形态营造情感的创新能力。

形和体对人们情感的激发，离不开结构的情感。完全符合良好结构的形，受众会本能地感觉愉悦、舒适、放松和平静；而打破良好结构的形则能吸引人的注意力，产生一定的张力和动感。

在新材料、新技术飞速发展的今天，结构的情感意义更加丰富多样。现代结构之美，将带给受众更深层次的情感体验。

（3）色彩的情感

人们对色彩的情感体验是最为直接也是最普遍的。

人对色彩的情感体验可以从色彩特性的情感体验、色彩对比的情感体验、固有色的情感体验以及色彩象征的情感体验四个方面来把握。如图2-17四季色彩象征构成。

| 宁静 | 灿烂 | 梦幻 | 希望 |

图2-17　四季色彩象征构成

（4）材料的情感

材料的情感来自人们对它的材质产生的感受，即质感。质感是人们对于材料特性的感知，包括肌理、纹路、色彩、光泽、透明度、发光度、反光率以及它们所具有的表现力。

材料种类繁多，设计中常用的有金属、玻璃、陶瓷、皮革、木材、纤维、纸张等。不同质感带给人们不同的感知，这种感知有时还会引起一定的联想，人们就对材料产生了联想物的情感。

如图2-18是科拉尼的仿生玻璃杯，充满自然情趣。

图2-18　科拉尼的仿生设计

如图2-19是一个文化主题海报，充分挖掘出宣纸的文化品位，配合形态的隐喻，传递出版社传承文明、发展创新的行业特点。

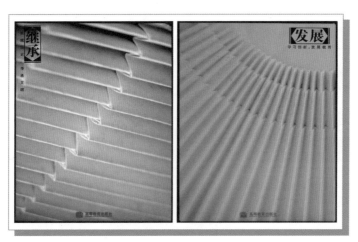

图2-19　文化主题海报（罗瑞兰）

3.可用性与情感的关系

（1）情感与可用性

可用性设计与情感设计是用户心理研究在艺术设计中最重要的两个方面，两者相互关联，互为因果，是用户心理的理性需求与感性需求的具体体现。可用性涉及人的主观满意度，以及带给人们的愉悦程度，可能来自情感的体验，而情感的体验也可能影响可用性的好坏，应加以综合研究和运用。

（2）使用的情感体验

人栖息于人造环境中，观赏并使用各种人造物，凡此类超出单纯的观看而具有功能性目的的行为，我们都将其称为人与物的互动。互动的结果固然是为了满足人的目的性需要，这种人与物之间的交互也不可避免地会带给人们某种相应的情感体验。人与物互动的情感根据情感类型的高低以及意识参与的程度分为感官、效能和理解三个层面。

a.感官层面

感官层的情感是人与物交互时本能的、通过感觉体验所激发的情感。它们看上去有趣而简单，缺乏所谓的内涵和意味，只是简单直白地刺激人的感官。

b.效能层面

这个层面上的人与物交互中的情感，来自人们在对物的使用中所感知和体验到的"用"的效能，即物品的可用性带给人们的情感体验。

效能所带来的情感，首先体现于高效率带给人们的愉悦感，人造物的原因本来就是为了满足某个方面的需要，使其获得利益最大化。如图2-20是一款手电灯，效能考虑非常合理，将人远近视野充分兼顾，使人获得最大限度地愉悦感。

c.理解层面

在这个层面上，设计的物、环境、符号带给人的情感体验来自人们的高级思维活动，是人通过对设计物上所富含的信息、内容和意味的理解与体会（特别是新的获得）而产生的情感。如图2-21是一款趣味纸杯设计，独具匠心的局部印刷，却能带给人意外的情感体验。

图2-20　新款手电灯　　　　　　　　　　　　图2-21　趣味纸杯

4.情感设计的法则

通过以上对艺术设计的情感的分析，将情感设计最常用的法则进行以下归纳总结。

（1）感官刺激

感官刺激是最直接、最易于实现的情感设计，这个层面所激发的情感属于前面所论述的感官层面上的情感体验。感官刺激是通过对比度、新鲜度、饱和度的强度变化来实现的。最常见的几种刺激方式：形色刺激、情色刺激、恐怖刺激、悲情刺激。这些刺激方式普遍以一定的夸张、对比作为基础。

　　a.形色刺激，是指设计中直接利用新奇的形和色彩，以及它们的夸张、对比、变形、超写实的形式来吸引人的注意。

　　b.情色刺激，即通过设计将产品的特质或性能与性暗示混合在一起，吸引人的注意，并产生愉悦感。

　　c.恐怖刺激，通过激发人的恐怖感而达到特定目的的设计。

　　d.悲情刺激，以激发人的同情心为目的的情感激发方法。同情是一种社会化的、针对他人情感的体会。

　　（2）幽默感

　　幽默是一种复杂的情感体验，有时是愉悦、快感和欢乐；有时是滑稽、荒诞、戏谑、嘲弄；有时则是诙谐和自嘲，是一种使人轻松和缓解压力的重要情感体验。艺术设计中，体现幽默感的方式主要包括以下几类。

　　a.超越常规——意外和夸张

　　b.童稚化，表达出童趣的设计使受众感觉幽默轻松。

　　c.荒谬与讽刺，如图2-22就利用了这种微妙的方式表达嘲讽的情感。

　　（3）人格化

　　人格化设计，即设计师赋予设计对象与人或其他生物类似的特点，例如形态、表情、音响等。设计是有意识的创造，为了看上去更美，人们倾向于以自身或其他动物使人感觉愉悦的特征赋予它们形式，使它们呈现出类似于人的特征，这就是设计的人格化（图2-23）。

　　（4）合理性和效率感

　　合理性与效率感在工业设计中也被称作"合目的性"，是现代设计最重要的追求。在手工艺的时代，物所体现的合理性主要在于物与人之间的配合是否称手，以及物的品质是否耐用。

图2-22　嘲讽的图形（周承君）

图2-23　人格化的吉祥物

　　现代化进程中，效率感和有效性成为人对物非常重要的情感体验，而且形成了一种整体的技术美学的观念，并随着现代主义风格的流行而普及到日常生活中。

　　极端的现代主义由于过于理性，缺乏人情味的外表没能为大众完全接受，但其"合目的性"的设计理念，设计的理性精神——高效率、最简化已深入人心。

（5）符号与象征

最明确作为符号的设计要算平面设计中的Ⅵ设计，它运用标志、标准色、标准字体等一整套的设计来象征某种意义、观念。这些符号和象征是设计师有意识用来激发情感的一种方式，也是最直接、最浅层的方式。图2-24可看出中国联通对传统吉祥符号的明显继承。

(a) 传统吉祥符号如意　　　(b) 佛教八宝　　　(c) 中国联通对传统吉祥符号的借鉴

图2-24　传统吉祥符号

还有一类更加隐蔽的运用符号设计激发情感的方式，就是物（包括环境）本身作为一种符号，激发人们情感的设计。通过符号化的商品，成为人们之间的"沟通者"，承载了该物品拥有者的社会属性和文化期望，人们可以根据个体拥有物来对他的主人进行解读或进行等级、类型的划分。

Chapter

03

第三章

设计心理学的一般应用

导 读：

精妙的设计如神医把脉，总是能找准用户的痒点、痛点和记忆点，在实施设计创新价值的同时，实现其产业价值和社会理想。

合理利用设计中的视觉传达与受众心理、体察、引导并整合受众的需求；挖掘特定的语义、符号与文化情节，在人机界面中充分考虑和认证用户的容错性；兼顾设计中的环境艺术心理，特别是人机环境和社会环境中的各种要素和关系。

第一节　设计中的视觉传达与受众心理

一、受众的需要、动机与行为

需要、动机都是心理行为的动力因素，在心理过程中表现为驱使个体心理行为的动力，即心理过程的意（意动）。人的心理过程包括知、情、意三个组成部分，其中感知、情绪和情感是被动的心理过程，而意动则是在主体有意控制之下有目的的行为。

1.需要

（1）需要理论

需要（needs）是在一定的生活条件下，有机个体或群体对客观事物的欲求。人的需要具有多样性，一般可分为生理需要（如对食物、安全、性的需要）和心理需要。前者是人得以生存的基本需要，而其他需要则与人的心理相关。

1938年心理学家亨利·默里详细列出个体的28种需要，分为4类，包括：对无生命物的需要；与人际感情有关的需要；与社会沟通有关的需要（询问与告知的需要）；对抱负、权利、成就与声望的需要等。

后来某些学者简单地将心理需要归纳为基本的三种，分别是权力、交往和成就的需要，这被称为"需要三元论"。权力的需要即个体支配、控制环境的需要。交往需要即人需要与他人交流，赢得尊重、喜爱，被接纳，获得归属的需要；成就的需要与自我需要和自我实现相关。

目前影响最大的"需要"理论是马斯洛提出的需要层次理论，从低级到高级需要，将人的需要分为生理、安全、社交、尊重、自我实现5种基本需要，他还提到了认知的需要和审美需要。低级需要包括生理需要和安全需要，其他的需要层次依次提高，其中社交需要是与人交往、爱与爱人的需要；尊重需要是希望获得他人尊重的需要；认知的需要是指追求真理的需要，或者说也就是一般人的好奇、求知的需要；审美需要是对美和秩序的需要；最高层次的需要是自我实现（self-realization）的需要，它是指个体通过有创意的活动、工作，充分发挥自我的才智、能力，最高限度地追求真理和美感的需要。

根据马斯洛的理论，人的需要从低级到高级、从物质到精神逐渐发展，需要的层次越低，越具有原始自发性；需要层次越高，受后天的教育、经验的影响越大。一般而言，人不断追求需要的满足，较低层次的需要得到满足后，会继续出现较高层次的需要。如图3-1马斯洛需要层次理论。

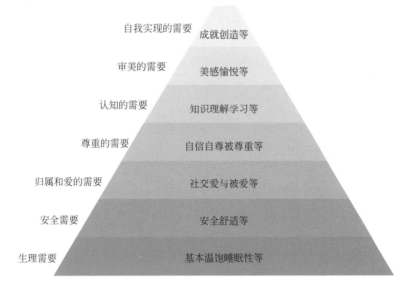

图3-1　马斯洛需要层次理论

马斯洛提出的每个需要层次中，人们都有基本需要和更高需要，并存在逐层递增的现象。比如消费者对服装的需要从最基本的保暖需要到较高层次的尊重需要以及审美需要各不相同，许多产品都是在满足基本需要的基础上按照目标群体需要的不同而呈现不同的面貌，出现不同档次、类别、风格的设计。

（2）消费者（用户）需求分析

需求不完全等同于需要，需要是一种欲求，没有得到满足的需要会产生紧张感，这种紧张感就是行动的驱动力——动机，但需求则直指目标，即主体基本明确应以什么样的方式来消除这种紧张感，是动机的具体体现和表述。

消费者需求具有含糊性、内隐性、动态性。设计的出发点首先就是通过专业的调研方法确定消费者需求。

（3）消费者需要与艺术设计

a.多层次性的消费需要

首先，不同需要导致人们对不同产品的需要，这些不同层次的需要在某种程度上决定了需要满足的迫切性。比如生理需要、安全需要是最基本的需要，相应而言，满足这些需要的产品通常也是人们较为迫切需要的产品，而社会需要、尊重需要、认知需要、审美需要通常是在人们的生理需要得到满足之后才变得比较迫切。

其次，从低到高逐层递增的多层次需要，使用户群体也存在明显的分层现象。社会层级较低、收入较低的消费者的主要需要还是温饱需要；中等阶层最缺乏安全感，支出倾向于养老保险、教育等安全保障方面的投资，以及倾向投资某些奢侈品以助其在社交中提高社会地位，扮演更高层次的阶层；而顶级的奢侈品的主要消费者还是高阶层，他们对于教育、知识（自我实现）等方面的投资也较其他层次为多。

再次，用户需要的多层次性，相反又使各类产品也产生明显的分层现象，这导致不同消费者购买同一类商品的动机并不相同。设计师通过了解不同层次消费者的需要，设计出不同层次的产品以满足人们多层次的需要。

多数消费者购买某一商品时，期望它能满足两种及以上的需要。使用功能是最基本的需要，通常还具有其他超出使用的需要。消费社会中"审美的泛化"还导致基本使用需要被弱化，而审美、夸示、从众等与情感相关的复杂需要被放大，使用性的需要反而从属于情感方面的需要。

此外，多层次的需要理论为市场营销中如何突出产品的诉求重点提供了依据，广告、包装、卖场等相关设计通过侧重不同的诉求，赋予产品不同层次的属性和特征，满足消费者不同层次的需要。

b.物质需要和精神需要

根据需要，指向的对象可以分为物质需要和精神需要，物质需要是对于物质存在对象的需要；精神需要是对于概念对象的需要，例如审美、道德、情感、制度、文化、知识。用户的物质需要反映为对产品使用性能的需要，而精神需要则超出使用的层面，伴随各种情感体验，即对产品情感体验的需要。

物质需要是人得以生存、发展的基础，也是精神需要赖以生存的基础。物质需要同时也受到精神需要的影响，尤其在消费社会，当消费者更多的是消费物的符号意义、所代表的社会关系的时候，如何兼顾消费者的物质、精神的双重需要变得尤为重要。

产品设计中，那些向消费者呈现产品属性和性能线索的要素应被视为强调功能需要的设计，而那些调动、激发人们某些情感体验的要素应视为强调情感的设计。广告作为传达产品整体信息的重要手段，和产品的形式一样，也是帮助产品体现其侧重的不同需要层次的重要手段。

2.动机

（1）动机与消费者动机

动机（motivation）可以被描述为个体内部存在的，迫使个体产生行为的一种驱动力。或者说个体想要做某事的内在意愿。有待满足的需要形成动机，有研究者认为个体的需要没能获得满足时表现出一种紧张的状态，从而驱使个体有意识或无意识地采用某种行为来缓解这种紧张状态。

针对需要——动机——行为的过程，有两种重要的理论，一种是认知心理学中的行为理论，将人视为理性的个体，认为个体采取行动的行为，建立于思维对于认知材料以及以往所学知识的加工处理的基础上。另一种理论是精神分析学派心理学家弗洛伊德所提出的"动机理论"，将动机分为"有意识"和"无意识"两种，有意识是指那些主体能够直接觉察到的动机，无意识是那些不被主体察觉的心理，也可以称为潜意识中的信息。

（2）消费者动机的分类

第一，根据动机对于行为的驱动作用可以分为积极和消极两种，所谓积极动机，是驱使我们朝向某个目标的驱动力，广告设计通常在激发消费者购买动机方面也是分为正反两个方面，正面的激发通常是宣传产品对人们的积极作用，比如某化妆品能够美白、营养肌肤；而反面的激发通常是夸大如果不使用这一产品可能导致的不良后果，比如满脸雀斑怎么办，皮肤衰老怎么办。

第二，根据动机产生需要的差异性可以将动机分为层级性的动机，与各个层级的需要一一对应。因此，这些动机也存在逐层升级的趋势，并且越底层的需要导致的紧张感越强烈，所导致的动机也就越迫切。

第三，动机还可以根据消费者采取的行为分为感性动机和理性动机。理性动机是指消费者感受到一定需要后，理性地考虑所有选择，选择那些能提供给他们最大效用的产品。感性动机是指消费者直接按照情绪和情感（喜欢、厌恶、自豪、尊重等）来选择不同的目标。

（3）消费者动机分析

动机研究，即利用科学的方法来揭示消费者行为背后的潜在动机的研究，动机研究涉及消费者人格、态度以及需求、内驱力等与动机直接或间接相关的各种因素。

一般而言，动机研究的目的在于发掘被测试者对于设计的潜在感觉、态度和情感。定性研究是唯一能获得消费者动机的方式，并且通常需要使用间接技术。

动机分析与需求分析恰好类似两个互逆的过程，前者是在产品面世之前对设计测试、评价、修改和完善，后者则是产品上市后，根据人们的购买行为分析，以挖掘消费者行为背后的心理因素。

20世纪50年代，市场营销和广告策略开始大量使用人格分析的相关方法研究消费者行为背后的心理因素，为"情感设计"提供了理论依据。

（4）消费者动机激发

个体的大多数需求在大部分时间里都处于潜伏状态，即便那些能被他们所意识到的动机，也由于其需求所具有的模糊性、动态性、内隐性而使其带有类似的特征。因此对于设计师、营销人员而言，采用适当的激发方法，以外界环境刺激、唤醒或明确他们的动机非常重要。主要的激发方式包括生理唤醒，情绪、情感唤醒，认知唤醒等。

a.生理唤醒

通过外部环境的图像、场景、气味、音响刺激人的感官，唤醒人的生理需要。

b.情绪、情感唤醒

生理唤醒时一定伴随着一定的情绪。因此，生理唤醒就是情绪唤醒的一种途径；另一方面，带有一定意味的广告、商业环境、促销能引发人们心理性的需要。例如对自我实现、引起他人尊敬等需要，反映为较高级的情感体验，也能构成人们消费行为的动机。

c.认知唤醒

设计师通过提供给消费者准确、有效的信息，引导消费者为了满足某一需要而进行理性思考，即理性动机激发，使消费者通过权衡利弊后选择所推销的产品。

3.行为理论与消费者行为

（1）行为理论

无论认知心理学还是行为主义者都认为，消费者行为离不开"需要——动机——行为"这一基本过程，并受社会、文化、个人因素的影响。如图3-2消费行为分析框架。

心理学中的行为与"学习"密切联系。心理活动（比如思维和想象）并不能产生行为，相反，它们都是环境刺激引起的行为样本，而行为完全可以通过环境因素加以解释，行为学家不需要理解行为背后的动机。只需要理解任何有关其内部心理与行为形成联结的学习原则就可以了。人的行为是通过条件强化物（conditioned reinforcer）不断强化（学习这件"物"）而形成的习惯。这种方式也称为次级强化物。如图3-3消费者购买行为模型。

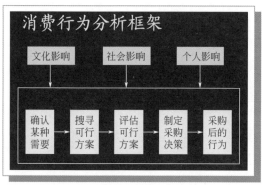

图3-2　消费行为分析框架　　　　　图3-3　消费者购买行为模型

设计师常常利用这一强化过程中的刺激所泛化的现象，去拓展产品种类和品牌种类。像有些服装厂最初只是制作成衣，后来逐渐拓展到皮包、服装配件以及香水等产品。研究表明：加入具有高质量形象的品牌系列的不同产品的数量实际能强化这一品牌的名称，但是如果其中有些产品的质量不如以往产品那么好时，长远来看，会对整个品牌系列产生负面的影响。

（2）行为研究

设计心理学中的行为研究，重在研究人们对产品、服务以及对这些产品和服务进行营销活动的反应。其表现为：情感反应，认知反应，行为反应；并借用行为心理学理论和现行研究成果，更有效的把握消费者行为规律。

二、受众态度与设计说服

1.态度、说服与设计说服

态度（attitude）是个人对特定对象以一定方式做出反应时所持的评价性的、较稳定的内部心理倾向。说服的目的是为了影响和改变态度；设计说服的意义在于，在消费的过程中，无论是产品造型设计、包装设计、企业的视觉传达、广告设计或是卖场的环境设计，其核心本质都在于试图对潜在消费者产生正面的引导，使他们产生积极的态度，并最终引导可能的购买行为。

说服（persuasion），心理学将它定义为，以合理的阐述引导他人的态度或行为趋向预期的方向。设计说服，是将设计作为一种交流的语言或方式，运用设计来引导他人的态度和行为趋向预期的方向。艺术设计以其外在表现性，而更加接近于一种交流性的语言而发挥沟通的作用。

图3-4　认知情感意动

态度作为一种心理现象，一般同样包括心理过程的三个主要成分，即认知、情感和意动，如图3-4认知情感意动。认知是个体从态度对象和各种相关资源中获得的各种知识和知觉；情感是个体对态度对象的感情或感受；意动是个体对态度对象采取特定行为或举动的可能性或倾向性，它最接近行为；在消费者行为和市场研究中，它经常被视为消费者购买意图的表现。心理学研究认为，态度的形成是习得的，即主体最可能基于他们所获得的信息和他们自身的认知（知识和信念）来形成态度；同样，态度改变也是习得的，它受个人经验和外来信息的影响，而个体本身的个性也会影响态度改变的可能性和速度。

结合态度三成分模型，我们认为在态度的形成过程中，认知是基础和前提，它来自外来的信息和自身经验的分析和推理；情感伴随着认知而产生，认知结果和情感将导致主体产生行为的意动，这就是态度的形成和改变的全过程。因此，认知、情感、意动是设计进行说服和交流的作用方向，有效的设计说服应从如何影响和形成积极的态度着手，通过对消费者的认知、情感等方面的影响来说服消费者产生购买意动。

2.设计说服的基本方式

设计说服的方式很多，最基本的无外乎广告和宣传。

（1）广告

a.广告概述

广告，即广而告之，确切地说是广告主以付费的方式，通过特定的媒体、运用相应的艺术表现形式来传达商品或劳务信息，以促进销售为目的一种大众传播活动。广告设计，具体地说就是广告的设计表现，它以广告的视觉设计为主，是视觉设计师根据企业营销战略思想和具体的广告策略，通过图形、色彩、文字等视觉要素，将广告创意按照符合大众的审美习惯和标准进行组合编排，创造出具有视觉感染力的广告的过程和结果。

b.广告的心理效应

广告的目的是广而告之，让人知道产品，知道的人越多越好。广告可以使人产生一系列的心理活动，包括感性的、理性的、情感的和意志的、个体的或群体的心理反应。基本顺序为：引起人的注意——诱发人的兴趣——强化人的记忆——引起人的欲望——召唤人的行动。

c.广告与文化素质

广告是艺术作品，而且是多门艺术综合创造的结晶，是设计者按设定的传播逻辑和审美理想，创造出源于产品，又高于产品的艺术作品。广告创作需要设计者在审美能力、语言修养及艺术个性等方面有较高的文化素质与修养。

审美能力：人类在长期的生产实践中逐渐形成了审美意识。广告是美的艺术，是宣传产品的艺术。但广告设计不是照搬模仿产品，而是按设定的传播逻辑，创造出新的具体的艺术形象。

语言修养：广告创作要设计广告用语。广告用语的作用是画龙点睛，使广告作品图文并茂，声情兼备。广告用语要高度凝练，要达到一字千金，语不惊人誓不休的程度。

艺术个性：广告作品要独特，就要讲究艺术创作的个性。广告艺术要达到独特新颖，不可重复的程度。

d.消费者对广告的态度

广告究竟能引起消费者怎样的心理反应，每一个人都有自身的态度和看法。针对消费者的心理反应，重视各种反馈意见信息，才能取得更好的广告效果。受众对广告的基本态度有：欣赏、偶尔接受、漠然置之、反感、令人生厌。

（2）其他宣传

设计说服的形式，除了广告还有专门的产品介绍样本，使用说明书，利用媒体的音像材料等。艺术创作的作品，如文学作品的版本、音乐、舞蹈、首映式或新闻发布会等，目标都是从受众需要出发，全方位向消费者传递相应信息，无形中完成设计说服和宣传目标。

三、消费与消费心理

1.消费心理的概念

（1）消费

消费是指为了生产和生活的需要消耗物质财富的行为。人类的一切活动都是以变革物质的形式，来维持生存或得到发展。消费还有消耗精神财富的含义：比如，一本小说、一部电影，人们欣赏过后，虽然没有成为废物，但它们新奇的程度与欣赏的价值已远不如从前，所以也是一种消费的行为。

（2）消费心理

消费心理是指人们在购买、使用、消耗物质或精神产品过程中的一系列心理活动。如人们消费时的认识过程、情感过程和意志过程等心理活动的特征与规律；消费时的心理活动倾向，如求实求廉、从众趋时的心态；人们的需求动态及消费心理的变化趋势等。

营销是个人或群体通过创造和交换产品与价值来满足自身需要的过程。设计和制造商创造出新的使用价值，在消费者手中经历了需求、购买、使用与报废的消费过程，并完成设计成果由产品、商品、用品到废品的消费周期。消费者在消费过程与消费周期中的心理活动形成了消费心理。

了解人们的消费与消费心理，设计要思考的是如何适应消费心理，使设计更加有的放矢，满足人类活动中对物质产品与精神产品的需求。设计要体察人们的心态，才能审时度势，顺其自然地开展设计活动。

2.人的生活消费心理

生活消费包罗万象，除了生产活动消费外，人们的一切活动都属于生活消费。消费者在生活中表现的各种消费心理现象，是由社会因素和个人因素复合而成的。生活消费心理既受到每个人心理活动内在因素的影响，又受到客观环境的外在的影响，还受到时间、年龄等动态因素的影响。因而，设计者要从多方位、多角度研究人们的生活消费心理，为设计活动提供依据。

（1）生活消费的主动心理

a.消费的宽松心理

消费者在日常生活中，消费心理始终处在宽松、自由的状态。

b.消费的主动适应心理

生活消费过程要比生产消费简单，很多日用品的使用都无师自通，消费者完全可以主动地适应。

（2）年龄与消费心态

人们的生活消费心态随年龄的变化而变化，消费者一生的消费心理是一个经历不同人生阶段的动态心理过程。

a.少年儿童的消费心态

按比较公认的划分方法，把年龄在15岁以下的年龄段的人，划归为少年儿童。在婴幼儿期间，消费方式主要以长辈的意志为决定因素。小学阶段，少年儿童的心理需要开始变化，从物质需要向精神、文化需要过渡，少年儿童用品形成广阔的市场，如图3-5充满童心的广告。初中阶段的少年儿童由于心理开始产生独立，出现企图摆脱家长控制又在经济上依赖家庭的矛盾心理。少年儿童的消费心理表现出好奇与天真的特性，充满美好的幻想，他们的心理是真正的童话世界，因而对消费品的态度也充满童心。

b.青年阶段消费心态

人生的16～40岁处在时间段很长的青年阶段。由于年龄跨度大，在人口中占有较大比例，消费心理呈现复杂的特点。

青年时代思维活动极其活跃，具有挑战力。在消费心理中，富有青春浪漫的色彩，还有标新立异的时尚特征。如图3-6充满活力的广告，崇尚快节奏的消费方式。对穿着讲究名牌，对款式、色彩的追求体现出大胆豪爽的个性；饮食消费中，追求情调；住房讲究现代化，体现超前意识；出行方式逐渐出现自购汽车的趋向，讲究出行的舒适与快捷。在精神文化消费中，追求形式；读

图3-5 充满童心的广告

图3-6 充满活力的广告

新思潮的作品，观赏新电影，购置新家具用品，浪漫的消费心理还表现在对化妆品、营养品的消费上，往往不惜重金。

由于青年时段的跨度，十几岁的青年与四十岁左右的青年的消费心理也有阶段的差别与变化。十几岁未脱童年的稚气，充满理想，消费形式是浪漫的、形式的。随着年龄的增长，消费心理逐步向理性、实用性变化，尤其在成家立业之后，为人父母，开始承担子女的消费。面对沉重的养育负担，消费心理由注重自身开始向子女、父母方向转化。经济负担日见增长，开始品尝人间的艰辛，消费心理不但逐渐稳定成熟，而且更加注重消费的实效性与经济性。

c.中年阶段的消费心态

人生的40岁到65岁阶段，划归为中年阶段。这个年龄段是最稳定、最成熟的消费阶段，消费心理呈现理性状态，消费心理趋于稳重。中年消费者有丰富的生活阅历，对消费有明确的目标。经历了青年时代的消费，取得了消费的经验，对消费习惯开始反思，不再为时尚、情调、浪漫等因素所干扰。随着岁月的流逝，怀旧情绪的增长，开始向往有实用价值的耐用商品。中年处在人生最艰难的阶段，消费心理更加面对现实，消费观念变得保守而坚定。

d.老年阶段的消费心态

人生的65岁以上是老年阶段。随着视力、听力、行动等感知能力的减弱，对生活用品的要求是操作简便、耐用，始终把安全放在第一位，避免时常受到焦虑情绪的干扰。老年人的怀旧心态，使他们从物质与精神追求上，都反映出传统的文化意识与观念，讲究传统的民族节日与民俗习惯，甚至达到痴迷的程度。

从设计的角度关注老年人，不单是送给他们称心的物质产品，而是借老年人怀旧的心态，共同保护中华民族文化的宝贵财富。设计作为人类物质文明与精神文明的推动力量，应当研究老年人的消费心态，让老年人感到设计对他们的关爱。

（3）面向毕生消费心理的设计思考

20世纪80年代，意大利一位设计师提出一种新的设计思想。他认为：设计就是设计一种生活方式，因而设计没有确定性，只有可能性。设计不仅要满足人一生的物质需要，还要满足心理精神需要，树立面向人类毕生消费心理的设计思想。具体体现如下。

a.为少儿设计清新，共同营造少年儿童成长的清新环境。

b.为青年设计理想，要为当代青年设计人生的理想。

c.为中年设计健康，为中年设计科学、理性、健康生活方式。

d.为老年设计幸福，创造老年物质和精神双重享受的环境。

（4）产品售后的情感投入

售后服务是在产品使用阶段中，从安装、调试、使用、操作、培训直到维修的整个过程中专职人员所承担的服务活动。今天，产品售后服务尤其重要，不单影响到使用的效果，更是生产厂家、设计者、售后服务人员对客户情感的投入。

a.售后服务的情感

传统心理学把心理现象划分为3个方面，即认知、情感过程和意志。售后服务活动要以心理学情感理论为指导，把售后服务变成情感服务的过程。送给人们一个宽松的心境，快乐的情绪与深厚的情感，营造设计与使用的和谐关系。

● 送来宽松的心境

售后服务人员热情周到，可改善生活与消费环境，这些积极因素滞留在人的心理状态之中，就形成了使用产品的良好心境。售后服务人员良好的服务是生产厂家情感诉诸的延伸。

● 送来快乐的情绪

情绪是情感形成的运动过程。不同的人在使用产品过程中，会产生各种各样的情绪，有轻松快乐的，有紧张焦虑的。售后服务活动要有助于使用者的情绪调节与情绪健康，采用积极有效的手段，帮助人们学会对紧张情绪的释放。使人感到享受生活和使用产品的乐趣。

● 送来深厚的情感

扩大产品质量的含义，已不限于产品的功能及耐用等内在质量，还包括顾客的满意程度，即情感的质量。

b. 售后产品信息反馈

想要更快、更准、更多地收集用户对产品的意见、建议与设想，达到设计与使用者心灵相通的程度，就要靠售后服务，售后服务是设计贴近人们心理的重要活动。售后服务不只是解决退换产品，学习使用操作方法或维修等单向活动，更不是生产厂家的额外负担或公益活动，而是运载群体及社会心理的信息通道。今天，如何不断拓展并占领这条信息通道，已成为厂家、商家新的必争之地，如图3-7采购后的行为。

● 产品信息反馈内容

使用产品的主人，从感觉产品开始，进而感知产品，最后满足某种生理需求与心理需要。每个人凭借已有的生活经验与生产经验，对产品的感受是直接的、具体的。通过视觉感受产品的外观造型、色彩和谐的美的形式；通过听觉感受产品的声音；通过触觉感受操纵构件的舒适程度，进而形成对产品的总体感受。对产品的使用功能，先进程度，宜人性都有客观的评价，并产生意识、情绪、情感等深层的心理反应。对于设计者与生产厂家来说，是最宝贵的产品信息。

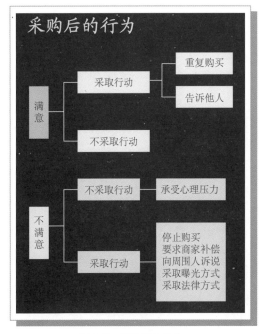

经历了选择产品，购置产品，售后服务的安装与调试，使用、操作、维修等完整循环，谁都能对产品质量、售后服务质量等有亲身的感受。成为既是产品的受益者，又是产品信息的分享者。

● 产品信息反馈的意义

信息无形，因而难以捕捉。尽管信息技术高度发达，但信息从来不会自动进入信息通道，不能自动传播。人是信

图3-7　采购后的行为

息的制造者，但不一定是信息的受益者。人世间常有说者无心，听者有意的生活现象，但听者往往受说者的启发，顿开茅塞，成就了事业，而说者却是信息无偿的提供者。

开发产品是艰难的，尽管群策群力、集思广益、充分利用发散思维列举了众多答案；又经过抽象与概括、分析与综合、比较与类比、归纳与演绎的收敛思维；进行市场调研，调查产品前景可行性等。但是缺乏对产品的信息反馈就好比少了开发依据的半壁河山。因为参与产品开发群体的感受远不如百姓大众那种对产品细微的、反复的、心理性的感受，产品开发者永远逊色于使用者如数家珍的洞察能力与丝丝入扣的心理感应能力。

● 怎样畅通信息反馈的通道

延伸习得行为，猎取信息。心理学告诉人们：人和动物的行为有两类，一类是本能行为，如鸭子会游水，婴儿会吸奶，是生来就有的，传统的设计酷似这种本能行为。心理学研究，本能行为是非常刻板的，外界环境发生变化时，仅靠本能行为就难与环境取得平衡了。试想，不了解百姓的心声，单凭设计的推导或论证，就成了新时代的"闭门造车"活动。

最大限度地收集方方面面对产品的反馈信息，是摆脱主观行为，创造习得行为设计模式的有效途径。设计的情报信息部门应关注消费者反馈，延伸信息触觉到生活与生产实践活动中。

c.延伸心理感应，升华信息

由产品引发的情感与情思、意识与意境是抽象的、心理的思维活动，谁也不能绘声绘色地表述清楚。这就要求信息探求人员善于运用心理学的研究方法，通过人们的表情与动作，感知他人的心理。设计要走进生活，设计美好，就要心贴大众，感应心灵，升华获取的信息，于平淡之中觅神奇，在空白的纸上描绘蓝图。

第二节 设计中的产品创造心理

一、工业设计与产品创造

工业设计是指：就批量生产的工业产品而言，凭借训练、技术知识、经验及视觉感受而赋予材料、结构、构造、形态、色彩、表面加工以及装饰以新的品质和规格。

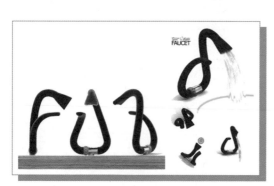

图3-8 创意新颖的水龙头设计

产品创新既是设计的目的又是设计的手段，并在设计活动中处于核心地位。创新为工业设计注入了新的生命力，在市场竞争日趋激烈的今天，设计的创造力成为企业取得竞争优势的重要条件之一。创造心理是设计心理的重要组成部分，是研究设计创新、拓宽设计思路的重要突破领域。把握产品创意心理、突破设计思维对于工业设计而言具有较为深远的意义和作用（图3-8）。

1.创造与需要

（1）行为满足（行为水平的设计）

美国认知心理学家唐纳德·A.诺曼（Donald.A.Norman）先生将设计分为三类——本能层（visceral）设计、行为层（behavior）设计、反思层（reflective）设计。前两种层面上的设计主要是针对工业产品设计而言，"优秀的行为水平的设计应该是以人为中心的，把重点放在理解和满足使用产品的人的需要上。"当然，行为水平的设计主要是针对在操作过程中的产品的功效性，即操作的功能和操作效率。设计师应该清楚怎样才能达到预期目的。就行为满足而言，安全性是前提，实用性是基础。

a.设计的安全性

安全性是操作的基础，设计的安全性是其经济性、可靠性、操作性和先进性的综合反映，是设计实现其经济目的的前提条件。产品如果存在安全隐患，就会直接危及产品的使用者，对人构成伤害或存在伤害可能的产品都是不符合设计原则的（图3-9）。

图3-9　强调安全性的烟灰缸设计

b.设计的实用性

设计应当符合人类不同实际活动的需要，为人们提供舒适方便的使用环境，保证使用目的的实现并不会引起歧义。

设计应最大限度满足不同层面使用者的共同要求，产品应该尽最大可能面向所有的使用者，而不该为一些特殊的情况做出较为勉强的迁就，这是设计的通用性。通用设计是一种包容性设计。如图3-10是典型强调实用功能的座椅设计。

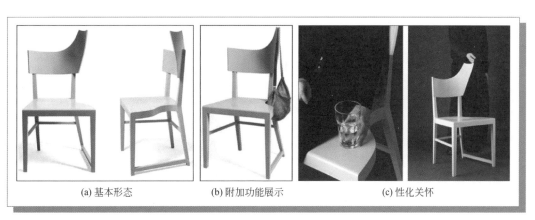

(a) 基本形态　　　　(b) 附加功能展示　　　　(c) 性化关怀

图3-10　强调实用功能的座椅设计

（2）技术进步与创新

技术进步是工业设计发展的前提和基础，就产品设计而言，科技的发展促使产品不断更新换代，提高了人们的审美观念，同时也极大地改变了设计手段和设计程序，使设

图3-11 精巧的"大气层"风扇（Alessi设计）

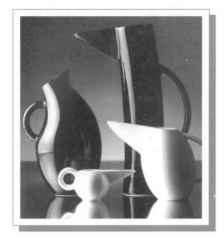

图3-12 次生型设计的水壶

计观念发生革命性的转变。计算机的诞生标志着产品设计进入全新时代，并行的设计系统结构应运而生，设计、价值工程分析与制造的三位一体化，使设计师的道德意识、团队意识及知识结构都面临新的挑战。技术进步必然牵动产品设计的创新，并大致分为以下三种类型。

a.全新产品，称为原创型设计。全新产品的开发主要是针对设计概念的开发和技术研发。科技进步是促使新产品出现、老产品退出历史舞台的最终决定因素。如图3-11精巧的"大气层"风扇，是一款全新的产品。

b.改良产品，也叫次生型设计创新。这是一种纵向发展模式，目的是使产品克服既存问题，趋于性能完整和完善。这种改良设计是建立在原有产品被受众认可的优良功能基础之上的，主要目的是为了解决用户反馈的问题。如图3-12次生型设计的水壶。

c.产品的联盟与合并。这是一种横向联合的过程，通过设计和制造系统的整合达到创建新产品的目的。经济的全球化必然带来企业生产和制造机制的改变，企业为了提高效益、效率和市场份额，需要充分发挥全球化信息流动的优势，对遍布全球的各分散点，进行产品的跨界联盟与合并，实现集团内部和企业间协同、合作、创新。如图3-13属于联盟合并型产品。

图3-13 联盟合并型产品

（3）流行、从众与创新

流行，是指一个时期内在社会上流传很广、盛行一时的大众心理现象和社会行为。

流行现象是设计心理学研究的重要内容之一。流行与市场及文化等紧密相连，成为设计师构思的必要渠道。

流行是多个社会成员对某一事物的崇尚和追求，所以流行具有群体性，但它却是一种以个人方式展现的社会群体心理，因此也具有个体性。

新奇性是流行趋势最显著、最核心的特征。设计师通过创造反映时代特色的新奇来满足人们的求异心理（图3-14）。

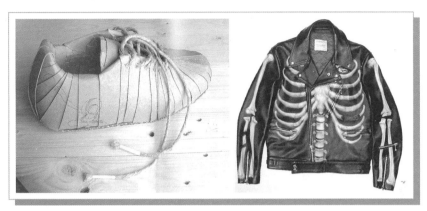

图3-14 追求新奇的流行设计

设计创作的出发点，是对受众求新、求异心理的捕捉。设计具有极强的社会属性，设计活动需要服从于社会机制。流行的强烈的暗示性和感染性会将群体的引导性或压力施加在个人的观念与行为上。使个人向多数人的行为方向变化，从而产生相一致的消费倾向。这种从众心理带来的直接后果就是从众消费行为。

设计师应该具备获取并及时调整和引导流行诱因的能力，对公众的求异心理及行为倾向进行深度剖析，及时捕捉创新元素，并借助于一定的传播媒介引导公众共同创造流行（图3-15）。

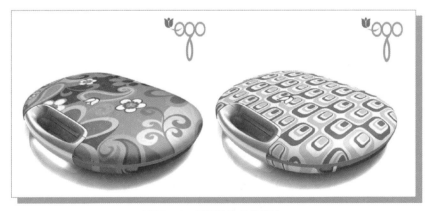

图3-15 可爱的流行性设计

时空推移，流行产生的新奇、刺激效应会在人们的适应、习惯心理之中日渐势弱，进而产生心理厌倦。现代设计的情感化特征导致了市场更加明确的细分，个体的认知差异、审美差异、文化价值差异被提到前所未有的高度，这就要求现代设计产物的形式语言也要与之同步。

设计产品和与其目的、意图等内在因素相适应的那些外部形式特点的综合，就是我们所说的设计的形式个性。形式个性与设计师个体的直接相关性决定了设计往往具有独特的情趣和审美倾向，有时甚至是诙谐的、幽默的。也许这就是设计存在风格的本质条件，它深深地打上了设计师、设计环境、设计国度的烙印。这种异己的特质有可能深深地打动观者，使之在情绪上做出反应（图3-16）。

图3-16　诙谐幽默的另类设计

2.符号与隐喻

（1）隐喻

"隐喻"（metaphor）本出自希腊语，第一个明确谈及"隐喻"的是古希腊的亚里士多德，恩斯特·卡希尔发展了对隐喻的理解，指出隐喻包含着一种创造的意蕴，是一种意义生成过程。隐喻成为被重新认知的另一种思维方式，"由此及彼、由表及里地描绘未知事物；新的关系、新的事物、新的观念、新的语言表达方式由此而来。"隐喻是一种内在真实体验的表达，设计中的隐喻穿过表面具象形态，直接指向深层内涵（图3-17）。

心理学隐喻的存在并非偶然。精确性、客观性和明确性的逻辑思维和科技理性一直统治着心理学科学的发展，然而心理学不仅仅只停留在可感知的心理现象层面上，隐喻与符号也是不可忽视的心理学研究对象。

产品外延意指，即产品表达其使用机能时所借助的形态原则或事物，是直观的、理性的、具有确定性的外显式信息。符号的外延即符号与其代表、指示的事物之间的关系。在产品设计的过程中，设计者常以产品使用机能性为依据，运用某些与该机能相关的形态或事物，使作为符号载体的产品所指示的功能具体化、物质化，直观地表明设计的

图3-17　产品中的想象与隐喻

显性含义，直接说明设计的具像信息（图3-18）。

与产品外延意指相对，产品内涵意指，即指产品作为一种信息的载体，在表达其物质机能的同时，亦在一定时间、地域、场合条件下，对解码者呈现出一定的属性和意义。在符号系统中，符合内涵是精神的法则、规律，思维上认知、联想的一部分。产品设计中，常以编码者传播、解码者认知的需求赋予产品特定的属性。内涵意指传递的是一种感性的、具有不确定性的信息，需要通过人类特有的认知系统来发掘其超出具像物质内容的信息。它是一种"弦外之音"，需要参观者的主观精神参与。由于个体存在主观能动性的差异，内涵意指就具有了无限性、开放性和动态性的特点，也就是我们通常所说的"只可意会，不可言传"（图3-19）。

诺曼先生将产品设计分为三个层次，即本能水平的设计、行为水平的设计和反思水平的设计，其中反思水平的设计源于感性的互动与沟通，同时对文化意义的再认识赋予产品功能设计要素以外的附加价值，强化了主体情感、主体精神的意识。我们可以在诺曼先生观点的基础上将其适用范围扩大至各类型的设计，将隐喻泛化为设计的情感性、主体个性、民族性、文化性、社会性。

隐喻无时不在，无处不在，尽管这种表达不像逻辑语言般清晰明朗，不能够用定量方式来测量，不能用严密的逻辑来推理它，但却不能否认其客观存在性。隐喻根深蒂固地存在于人们的日常生活中，

图3-18　符号外形想象与隐喻

图3-19　外延意指的想象与隐喻

以一种浅显的道理支持和架构着日常生活中深刻的"道"或"理念"，"隐喻不仅仅是一种意义转化，更是一种独特的意义创造"。这种"意义创造"就是对事物另外视角的深层次的观察、理解和探求，就是对设计产物的情感属性的深度剖析。寓情于物，在消费者中引起思想和情感的共鸣（如图3-20）。

（2）文化情结

创造离不开具有相关文化

图3-20　丹麦设计师雅阁布森设计的蛋形椅和蚂蚁椅

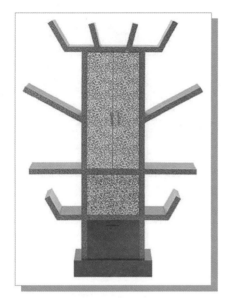

图3-21　意大利设计师埃托·索托萨斯的作品

图3-22　倡导全新生活方式的经典榨汁机

情结的思维主体，与思维主体的文化归属息息相关。人的性格、智力、意志、文化等都将深刻影响着主体的创造机制。

设计本身就是一种文化，同时也创造着新的文化。设计师通过其自身的创造活动，将文化特性具象化、实体化。文化是设计的灵魂，是设计的隐性语言之一，优秀的设计总是体现着文化精神，民族、地域的文化特色成为设计师创意的源泉。优秀的设计作品不仅具有简单明了的外在形式，而且一定蕴含了深层的文化内涵。如图3-21是意大利设计师埃托·索托萨斯的作品，体现出意大利文化的自由和多元。

文化存在地域差异性，文化的地域性决定了设计的地域性。设计的实质是创造一种更健康、更崭新的生活方式，是一个将抽象概念转化为具象美感实物的过程。在理念物化的过程中设计师的文化背景深刻地影响着设计行为，也直接影响到设计元素的组合架构。如图3-22是一款倡导全新生活方式的经典榨汁机。

工业设计师需要真正理解和消化我们的传统，追根溯源地把握传统文化的精神内核，并将其融入我们的产品设计之中，在重新整合的基础上注入新的形态元素，以创造出更具民族精神和美感的设计作品来。

3.创造与潜意识

人脑接受信息分为有意识和无意识两种方式，两者都是心理智能活动。有意识的接收是指有知觉地接受外在刺激并获取信息，无意识的接收则是指无知觉的情况下对信息的获取。著名心理学家弗洛伊德曾经用"海上冰山"来形容意识和潜意识的关系，两者之间似乎界限分明，这个界限就是"意识阈"。与较明显的认知世界的意识相对，潜意识是"隐藏在人的大脑深层的各种奇妙的心理智能活动。"是人类具备但却似乎忘记了的自身能力，换句话说，是未被开发和利用的能力。

潜意识思维主要指的是直觉思维和灵感思维。直觉与灵感像艺术创作和科学研究活动那样以感性为主导，虽然不能像科学研究那样严格以逻辑分析作为活动准则，但设计的形象生成，设计问题的求解，都离不开灵感在特定瞬间的爆发，灵感是设计者创新欲望的"喷射口"。

灵感具有突发性，是突发式的顿悟，灵感的到来和消失是不可预见的，不为人的意

图3-23　日本设计师五十岚威畅的作品

志和意识所控制。灵感具有创造性。灵感作为一种思想意识的飞跃，它将感性认识（储存在头脑中的感性材料）直接转化为理性认识，使潜伏于"冰山"下的潜意识迅速"浮出水面"，转化为显性意识，通过将潜意识中的信息进行解构组合，迅速以一种异常思维模式拼接成有新信息和新概念的形象或意象。

灵感是一种奇妙的、具有强大创造力的心理现象，同时具有强大的探索和开发功能。激发灵感首先需要构建、丰富并完善自己的信息系统，积累知识和生活经验作为信息储备。这是灵感产生的基础。构建自己的知识体系和信息结构对设计师来说是至关重要的，这不仅涉及灵感的产生、创意的爆发，还关系到设计能力、技巧和个人品格的完善。如图3-23中日本设计师五十岚威畅的作品，有效利用了字母的对称结构，只创作一半显形元素，而另一半则借助反射材料的特性让观者去再创造。

信息、源文化统称为"现有素材"。敏锐的观察力、执着的思索、平时的关注在大脑里早已进行了分解、整合、重组，成为一种潜意识，是奇珍异宝。一旦设计时，它们就会源源不断地被激发出来，厚积薄发，成为属于设计师自己的宝贵财富。

二、可用性设计

提高产品的合目的性是设计心理学研究的重要目标之一，这种合目的性最集中体现于设计的可用性上。它是设计心理学运用于设计实践中，指导设计的一个重要组成部分。

可用性设计也可以理解为一种"以用户为核心的设计"，它包括两个重要的方面，即以目标用户心理研究（用户模型、用户需求、使用流程等）为核心的可用性测试，另一个方面就是将认知心理学、人机工程学、工业心理学等学科的基本原理灵活运用于设计项目。如图3-24是作者和学生共同开发的一款可爱的幼儿坐便器，充分考虑产品可用性又能满足幼儿心理的。

1. 用户与目标用户

用户（user）是产品的使用者，拓展到整个艺术设计的范围内，还包括环境的使用者、网页信息的受众等。用户不一定是产品的购买者，许多产品

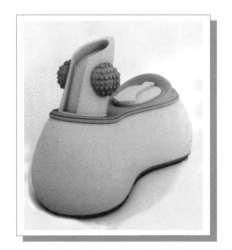

图3-24　可爱的幼儿坐便器

并不直接针对用户出售，例如儿童产品，而大型公司的购买者是专门的采购部门。可用性工程及可用性设计都主要针对设计的直接使用者。当购买者与使用者不一致时，购买者对产品关注较多的部分可能是美观、价格、包装、品牌效应等，而非与产品本身使用相关的各种属性。

目标用户（intendeduser）也可以称为典型用户，是指产品设计开发阶段中，生产者或设计者预期该产品的使用者。可用性研究的目的是辅助设计，提高产品的可用性。而在设计开发这一阶段中，可能还没有真正意义上的用户，因此，可用性研究所涉及的对象常常是预期将要使用该产品的人。如图3-25是一款可携带小孩的多功能旅行箱，其目标用户是爱好旅行的年轻父母。

图3-25　可携带小孩的多功能旅行箱

确定目标用户是进行可用性研究的第一步，也是建立用户模型的必要条件。虽然设计师可以在一定范围内通过提高产品的灵活性、兼容性等通用指标以扩大产品适用范围，但众口难调，没有任何产品能适合所有用户，因而只有首先明确定义"为谁设计"，才可能设计出最适宜这一群体的产品。比如设计适合老年人阅读电子读物的阅读器，能阅读的老年人就是这项设计的目标用户，设计师必须充分考虑老年人操作浏览器以及阅读的相关特点，如视觉能力下降，可能带有老花眼镜或双光眼镜；容易疲劳；难以长时间集中注意力注意；对于数字界面的操作适应性比较低，难以学习和掌握等。

2.可用性的界定

可用性（usability）是目前国际上较为公认的，衡量产品在使用方面所能满足用户身心需要的程度的量度，是产品设计质量的重要指标。大致包括以下两个方面。

第一，对于新手和一般用户而言，学习使用产品的容易程度；第二，对于那些精通的、熟练的用户，当他们掌握使用方式后使用的容易程度。

可用性包括效率、容错性、有效性等方面的指标：根据国际可用性职业联合会的定义，可用性是指软件、硬件或其他任何产品对于使用它的人适合以及易于使用的程度。它是产品的质量或特性；是对于使用者而言产品的有效性、效率和满意度；是可用性工程师开发出来用以帮助创造适用的产品一整套技术的总称；是"以用户为中心设计"作为核心而开发产品的一整套流程或方法的简称。

可用性最初源于一种设计哲学，即设计应满足用户的需要，并获得更好的用户体验，但它也是一种以达到可用目标为目的的具体过程和方法论。可用性工程实施的起点在于观察用户如何使用产品，理解用户目的和需要，选择最适当的技术解决这些问题。如图3-26是一款很简易但非常实用、通用的小型电器充电支架。

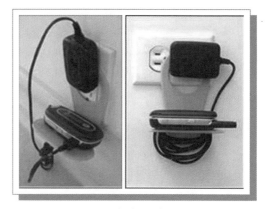

图3-26　小型电器充电支架

可用性界面有多项要素：易理解性，效率，可记忆性，容错性和满意度，用户能多有效地与一个产品进行互动。

最新的研究逐渐将可用性的概念加以丰富和拓展，可用性的内容也得到拓展。

3.可用性工程

（1）可用性工程简介

可用性工程（Usability Engineening）是一门在产品开发过程中，通过结构化的方法提高交互性产品可用性的新兴学科，这门学科建立于认知心理学、实验心理学、人类学和软件工程学等学科的基础上。可用性工程萌芽于20世纪70年代，1985年高德（Gould）和李维斯（Lewis）首先发表关于可用性工程方法的论文，他们认为可用性工程的研究方法包括三个目标：先期聚焦用户和任务，实验测试，交互设计。高德和李维斯的提法在当时是极具前瞻性的。在他们研究的基础上，其他学者纷纷提出各自的可用性工程研究框架模型。

1996年，巴顿（Btuuon）和道瑞什（Doudsh）提出，可用性工程对于产品开发组织而言包括三个方面的内容。

a.在设计团队中任用认知科学家以对设计提供建议。

b.在现有的开发流程中增加可用性工程的方法和技术。

c.围绕可用性专家、方法和技术重新设计整个开发流程。

（2）可用性工程的应用

可用性设计的产生是网络技术、数字技术、信息技术发展的必然结果。这些复杂的技术提供给人们越来越大的可能性，基于这些技术的产品，不论是软件还是硬件都日趋复杂、系统庞大，有时不仅不符合人的身心特征，甚至与人性趋向背离。尤其，以往设计重技术创新而忽视人生理、心理特征的倾向，导致多数产品存在着程度不同的可用性问题。20世纪80年代以来，可用性设计的理念以及可用性测试方法随着交互界面类产品研发的发展而在全球范围内迅速推广开来，最初主要是在美国和欧洲国家的一些大企业。目前，这些企业都已建立了人员规模从几十人到几百人不等的产品可用性部门，例如IBM、微软、诺基亚、西门子等公司，一般具有十几年甚至更长时间的运行历史。此外，欧美的大多数公司都有可用性研究专业人员，并且还出现了一批独立的可用性设计公司及专业咨询机构，据1999年相关媒体报道，仅美国洛杉矶一个城市就有超过50余家的用户界面设计或可用性评估公司。

中国的可用性设计研究，发展相对迟缓。直到20世纪90年代才由各跨国大公司将这一理念和技术传到中国，西门子（中国）有限公司率先建立中国内陆第一个可用性实验室，2001年成立的北京伊飒尔界面设计公司是中国第一家专门从事产品可用性测试评估的公司，2002年初联想研究院成立了用户研究中心，这是中国企业设立的第一个可用性研究实验室。

（3）可用性工程实施流程

可用性工程实施流程从整体而言包括三个：需求分析；设计，测试，开发；安装（使用与反馈）。如图3-27～图3-30是一款座椅设计开发的基本过程。

a. 用户需求分析

用户需求分析是可用性工程实施流程的第一步，也是进行可用性设计的准备阶段，它通过定义用户类别和特征，为整个产品设计提供必要的设计决策依据。这一部分包括五个步骤。

第一，建立用户模型，即通过对目标用户群体的研究，描述与设计目标相关用户的基本特征。

用户的生理特征：性别、年龄、左右手倾向、是否色盲、是否弱视、是否有其他障碍等。

职业特征：工作职位，工作地，从事现有同样工作的人员有多少，用户曾使用过的同类产品有哪些，使用时间如何，从事现有职位的工作周期是多久，一般而言的工作地点在哪里，每天的工作时间是多长等。

知识和经验背景：使用同类产品的技能程度，最高的学历背景，专业类别，对目前工作能力的描述，母语等。

用户的心理特征：态度和动机，包括使用同类产品的感受如何；使用该类产品对于工作的作用在于哪些方面；通常用来学习这类产品的使用方式所需要的时间；是否喜欢使用这类产品等。

用户模型建立的依据通常来自问卷统计。

第二，任务流程分析，即研究用户使用产品中的各项任务、工作流程模式，通过建立工作流程以及子任务分解，还可以帮助设计人员了解用户的潜在需求。例如，作者在对DVD使用流程分析中，发现许多用户有忘记取出机内光盘的可能，这即是一个可能的改进点，设计师也许可以提供用户提示取出光盘或者在关机时自动退出光盘的设计。

第三，可用性目标制定，将前面研究所获得的信息加以归纳整理，并提出质量标准和数量标准，例如错误率不应高出的百分比，满意度最低指标等，这些目标将作为之后进行可用性评价的衡量标准。

第四，调查外界环境要求和产品兼容性要求，研究产品使用的具体物理环境，技术平台和所需要的外界客观条件，例如针对家用电器，需要调查具体摆放位置，物理环境要求（温度、湿度、光线、声音等），软件则需要调查使用的硬件配置要求以及软件平台的兼容性，网站设计则还需要调查一般的网络速度、收费等。

第五，通用设计原则，在这一准备阶段，设计团队还需要调查和整理相关的设计原则和规范，为设计提供原理支持和理论依据。

b.设计，测试，开发

这是可用性工程流程中最重要的一个阶段，也是与艺术设计结合最为紧密的部分，在这个过程中，设计团队（包括艺术设计师）通过科学、系统的可用性研究和测试，将设计与心理学、人机工程学、认知科学、思维科学及设计美学结合在一起，各个领域的专家共同进行产品的设

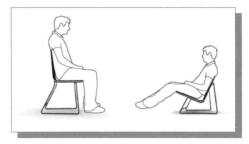

图3-27　活动座椅初步草图

计、修改和完善。有时是专门的心理学家或人机工程师主持可用性工程，有时则是精通设计心理学及可用性设计原理的设计师身兼两职，自觉在设计中运用相关知识、方法进行设计。如图3-27是一款活动座椅的初步草图。

一个最完整的"设计/测试/开发"流程，可依据可用性实现程度的高低顺次划分为三个水平。

第一水平——任务再设计，即依据用户需求分析所获得的数据和可用性目标重新设计用户的各项任务、工作流程，并探讨使用自动化设计的可行性。

概念模型设计，产生初步的多线索并进的创意方案，并确定主要的工作流程、任务和各个与外观设计相关的组件，产生初步的概念发展方向。

制作概念模型，概念模型可以是草图或低仿真度的模型，它们应能反映概念设计中的构思。

对概念模型进行交互评价，通过各种可用性研究方法以及可用性测试对概念模型展开评价，整个过程可以不断反复，直到第一水平下的整体设计被确定下来。

第二水平——设计标准制定，根据现有技术、材料、生产工艺以及开发单位的实际条件，为设计制定全套规范和标准，其目的是为了保证未来产品可实现性和兼容性，例如产品设计中对材料、工艺、技术实现手段等方面的限定；软件设计中对于软件平台和硬件兼容性的设定等。

设计标准实现模型，将这些标准运用到于第一水平时制定的整体概念中，并加以细化调整设计，最终制造出相应的设计图或仿真度较高的模型。在产品设计中，这一阶段应得到相应的工程图纸；软件设计中，应需制定好其他各个组件的设计风格。

设计标准实现模型交互评价，针对设计标准完善后的模型进行相应的可用性测试和评价，评价中如发现问题则回到前一步骤完善设计方案。

通过第一、二两个水平的反复设计、测试、修改和完善，产品整体设计基本完成，该产品各种功能的实现方式、风格标准被确定下来，以用来指导其后的细节设计。

第三水平——细节设计，根据第一、二阶段制定的设计风格、实现标准，对各个细节进行设计和完善，完成整个产品的设计开发过程。

细节设计交互式评价，对完成细节设计的高仿真模型或真实产品（软件、数字界面等）进行可用性测试和评价，检验可用性目标的实现情况。

从以上过程可看到，可用性流程中的设计，测试，开发阶段是一个反复设计、测试、修改的循环过程，产品图纸、模型被不断以测试的方式与用户需求和可用性规则、原理相对照，并通过及时的对应修正最终获得较为满意的产品。

这个过程看似规范而理性，似乎与艺术设计的自由想象格格不入，但从本质上看，每个阶段的方案调整最终还需要设计师的灵感和创意激发，而用户测试、各种原则和规范为他们的创意提供了必要的材料、素材以及索引相应知识记忆的线索。

c.安装（使用与反馈）

这是步骤在整个可用性工程流程中发挥检验、调整和维护的作用，它可以为未来的产品升级提供依据，还能为那些针对同一用户群体所开发的产品提供必要信息，为未来的设计开发积累经验教训。后面章节中所介绍的可用性设计的一般准则，很多就是来自以往产品使用后所获得的反馈以及对现有产品的可用性测试。这里，需要强调的是，对于产品的可用性最具发言权的并非可用性专家，而是用户，因此，来自他们的意见最可靠、最准确。

收集用户反馈的时期可长可短，一个使用频率比较高的产品大约3～4个月后，用户基本已经成为使用熟手，此时就可开始收集用户反馈；而那些使用频率不高，例如大型工具、大型耐用消费品，可以等候更长时间再组织收集反馈。收集用户反馈的方式主要包括用户访谈、焦点小组、问卷、可用性测试等。

调查后获得的产品可用性用户反馈报告需要包含以下方面的内容。

第一，使用该产品感到满意的用户在整个用户群中所占比率。

第二，产品中各项属性的重要性如何，通常按照"不需要、一般、很需要"三个级别加以评价。

第三，通过对于产品各项属性的调查评价而获得改进的建议，这些建议可以来自对于评价信息的分析，例如某个按键的无操作率过高可能意味着设计不合理；也可以来自用户直接的建议，例如用户在反馈表或测试口语报告中所提出的意见。

第四，产品整体可用性指标的评价如何，可以分为效率、有效性、易学性、错误率、易控制性、一致性和连贯性等，评价包括满意度和重要性两个指标，可以采用7点或5点记分的方法。如图3-28是对该座椅方案各种折叠方式和形态、功能的认证。

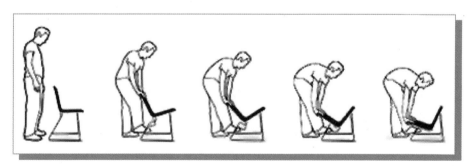

图3-28　座椅折叠方式图

（4）可用性测试

可用性测试（usability inspection）即通过对设计，包括图纸、产品原型（prototype）或最终产品的评价，为改进产品设计提供必要的依据，减少设计漏洞，并且检验产品是否符合预先设定的可用性目标和要求，它是可用性工程整体流程中的一部分。如图3-29是对该座椅样品各局部结构、材料、应力等各方面测试与认证。

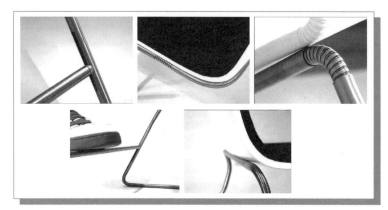

图3-29　局部结构与材料

可用性测试目的在于告诉设计师，用户是否能更快、更好、更准确地使用产品。

之所以要将可用性测试作为产品设计开发的必要流程，原因在于首先，设计师和工程师对于产品的直觉并非总是很正确，他们设计的产品、符号、操作过程并不总是符合用户的需要，有时甚至存在错误或遗漏。其次，不同群体的用户存在差异，必然导致其对于产品的可用性的要求各不相同。再次，诸如问卷、访谈等一般途径获得的用户反馈不够全面，特别是关于某些细节上的问题。最后，许多产品设计是在工作室中完成的，对于现实的使用场景考虑并不周到，而当产品被放置于使用的情境下时，则可能出现意料不到的问题。

总之，预先进行的可用性测试能有效避免大批量生产所可能导致的巨额经济损失，并且通过对竞争产品的可用性分析，能弥补现有产品存在的缺陷和不足，提供超出竞争性产品的设计。

可用性测试通常在可用性实验室内进行。测试过程中，用户在实验室中使用产品模型或者数字界面的测试版本，按照预先设计的流程完成各项子任务，通常他们还常被要求说出自己使用中的感受，其行为能通过双面镜以及摄像机传递给测试者以供研究者分析。此外，那些用户在计算机上所做的操作也能通过网络传递给测试室内的监控器上作为重要的研究材料。可用性测试最终的结果包括以下几个部分。

第一个部分是最客观的，即被试出的错误有哪些，并且根据被试犯错误的累积，可以发现最核心和最容易发生的错误有哪些；第二个部分是用户的口语报告，包括对测试对象正面和负面的评价，这个部分是一些非结构性的，零碎的信息，虽然非常重要，但信息量过大，难以分析；第三个部分是在测试前后用户所填写的问卷，可以作为整个测试的参考；第四个部分是视频资料，通过录像和观察，研究者能发现用户情绪、注意力等方面的变化。研究表明，有经验的测试人员，如认知心理学家或人因学专家，通常可以在测试中发现比一般测试人员更多的信息和资料。如图3-30是该座椅方案经可用性测试、调整后最终完成的作品。

可用性测试实验室（usabilityim-ctionlab）是进行测试的特定场所，以微软公司的可行性研究实验室为例，微软公司共有25个可用性实验室，典型的可用性实验室分为两个部分，观察端和参与者端，可用性工程师在观察端进行观测，参与测试的用户被安置在被测试端，两个部分用隔音墙和一块单向镜隔开。

图3-30 座椅成品

　　以上所有的可用性研究方法各有侧重，因此在一个完整的可用性工程周期中常会根据目标需求，在不同阶段分别运用不同的方法。

4.设计的可用性

　　可用性工程的核心部分是可用性设计——以用户为中心的设计（UCD），它贯穿于整个产品生命周期的始终，包括从需求分析、可用性问题分析到设计方案的开发、选择和测试评估等。从设计艺术的角度而言，可用性设计是"可用性"理念在设计艺术中的体现，也是可用性工程作为一整套工具与方法在设计中的运用，是设计艺术中"合理性"要素的集中体现。

（1）产品设计中的可用性

　　a.无障碍设计与易用设计

　　障碍是指一切由于先天遗传、后天事故、疾病以及其他特殊情况所造成人的生理或精神方面的能力不足。障碍包括残障，但也包含其他非残障而造成的能力不足，例如语言差异所带来的沟通不便，或者由于身体尺度超出常人等。无障碍设计最初是指通过工具、设施或技术手段，为残障人士提供方便。无障碍设计问题的提出是在20世纪初，由于人道主义的呼唤，当时建筑学界产生了一种新的建筑设计方法——无障碍设计，它的出现，旨在运用现代技术改进环境，为广大老年人、残疾人、妇女、儿童等提供行动方便和安全的空间，创造平等参与的生存环境。如图3-31是意大利设计大师科拉尼设计的两款优美和易用性鼠标。

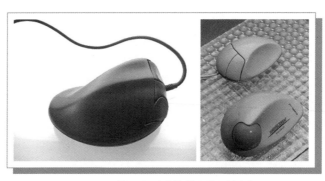

图3-31 科拉尼设计的优美和易用性鼠标

b.自动化设计与智能化设计

自动化设计是指用机械、电子、数字等方式完成以往需要人来执行的工作的设计。在工业生产方面，自动化设计主要用于在相同情境下用户持续执行某项定义良好的任务的情况。它的用途主要有：代替因人的某些局限而无法执行的任务；具有节约成本、扩大工作绩效、拓展人们的能力、减少人的工作负荷的作用。

自动化是数字技术、网络技术、人工智能等技术发展的必然，也是使产品（工具）具有更高可用性的必然，是可用性设计中一个重要的组成部分。但实施中还应综合考虑自动化与文化、习俗、仪式、符号等方面的矛盾冲突，综合实现自动化设计。

c.通用设计

有些情况下，为了提高某些设计的可用性，需要采用通用设计性和兼容性设计。这种通用设计建立于对用户的生理、心理状况的充分了解以及巧妙的构思之上，设计师应该关怀消费者的需要，最好的产品就是能够包容各种差异性的产品和设计（图3-32）。

首先，通用设计是一种国际性的设计，是指使用上能满足大多数用户需求的设计。其次，通用设计还反映为兼容

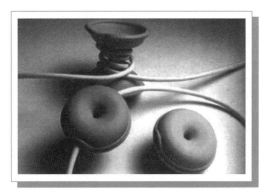

图3-32　具有广泛通用性的收线器

性设计，即设备或软件具有在超过一个硬件平台或操作系统中使用的能力，兼容性一方面对于那些针对"大市场"的设备或软件格外重要，例如可跨平台使用的软件；另一方面还是衡量那些非终端产品的组件的可用性的重要指标。最后，通用设计是一种灵活的设计，它允许用户根据各自需要选择不同的使用方式；或者在使用中，它能按照用户条件、使用方式、习惯以及使用目的加以调节。

（2）数字产品界面的可用性

网页、软件、多媒体音像等数字产品是崭新而重要的产品门类，由于这些产品界面没有具体的物理形态，属于非物质设计，它们能作为客观现实而存在，并与用户发生交互的唯一途径就是由一种以上媒体信息（图像、声音、字幕）组成的界面，因此这些产品中的艺术设计主要体现于其界面设计的方面。它们的界面设计，既是一个内部功能合理外显于用户、使其能正确理解和使用的过程，也是一个加以美化使其更加符合人的情感需要的过程。

数字界面也可分为三类："作业型数字界面"；"信息型数字界面"和"娱乐型数字界面"。

与实体的产品相比，数字产品（这里主要指其中的软件部分）具有"界面设计为主"和"常通过网络相互链接"的特殊属性，其可用性设计不仅遵循上述那些易用设计和无障碍设计的通用法则，而且还具有一些特殊的原则。

作为非物质的设计，实现通用可用性原则的方式具有一些其他特征。其中最重要的特征如下。

● 协议

各种数字界面设计与硬件设计相比都具有一个显著的特点，就是形成协议，这里，协议不仅是技术结构上的，同时也是界面形式上的。"协议"是一种系统性设计的方法，即设计组块相互一致。协议不是强制性的标准，它通常是由某些专家提议，为从业人员自动遵守和模仿而形成的。那些得到最多设计者认可的协议，通过完善和修正会逐步形成通用标准，目前各类数字界面基本上都已经形成了一定的标准。

● 定制

前述协议及标准使功能型界面设计的自由度变得非常有限，但是用户毕竟存在种种差异，特别是对于外观的偏好，因此定制是所有功能型数字界面所必备的一种功能，即用户根据自己的喜好和需要来制定系统特征的能力。

● 拓展

作为非物质设计，软件、网页的更新不会如同硬件更新、升级那样困难且耗损资源，并且现在软件技术发展速度很快，因此软件、网页都有一定的升级期限。因此，设计师应该尽可能预测未来发展方向，使设计在不同情况下仍能延续使用，或者通过简单修改就能适应新情况。比如界面布局，就应考虑到以后增加功能组件的需要，网页设计则需要考虑如何适当地在原有页面布局中增加或减少内容而不影响美观。

● 速度

这也是数字界面所特有、需要加以考虑的可用性设计准则，即用户应在其预期的时间内获得所需要的信息。

● 无障碍设计

同样，功能型数字界面设计中也存在与有形产品设计中类似的"无障碍设计"，是将对用户心理研究的规律和原则运用于功能型数字界面设计的集中反映。

5.可用性设计原则

前面已根据硬件设计（产品、环境）和软件设计（功能型数字界面以及娱乐型数字界面）两类的不同特点，简要归纳两者可用性的表现以及在设计中的典型表现，这反映了可用性设计的基本特征。从以上来看，可用性设计关键还在通过运用心理学、行为学等学科知识，分析和理解用户关于使用及与使用相关各要素的需求，使之巧妙地反映于设计作品中。最后我们再将可用性设计中最具普遍性的设计准则加以梳理和归纳如下。

（1）人的尺度

人的尺度是指人体各个部分尺寸、比例、活动范围、用力大小等，它是协调人机系统中，人、机、环境之间关系的基础，人的尺度通常是基于人体测量的方式获得的，它是一个群体的概念，不同民族、地区、性别、年龄群体的尺度不同。它也是一个动态的概念，不同时期同一类型群体的人的尺度也存在很大差异。人体尺度直接决定了人造物、人造环境的尺度，符合人体尺度是可用性设计必要准则。人体尺度对于设计的影响反映于两个层次上。

第一个层次，设计中常直接应用人体尺度决定产品的尺度。

第二个层次，人体尺度不仅是生理度量的概念，也是一个心理上的概念，不同心理感受导致对于尺度需求的不同。如图3-33是对标准人体基本参数的测量。

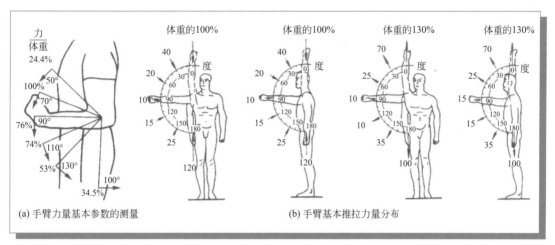

图3-33　标准人体基本参数测量

（2）人的极限

　　人的能力非常有限。虽然人类是地球上最聪明的动物，能通过各种方式来揭示自然规律，发明工具，强有力地改造着周边的环境，但仍然不得不遗憾地承认，人类即使能够通过不断发明各种各样的工具拓展其作为地球主宰者对周围环境的控制能力，但是他的适应范围仍然非常有限。如图3-34是人体动态研究并探明了人身体活动的极限。

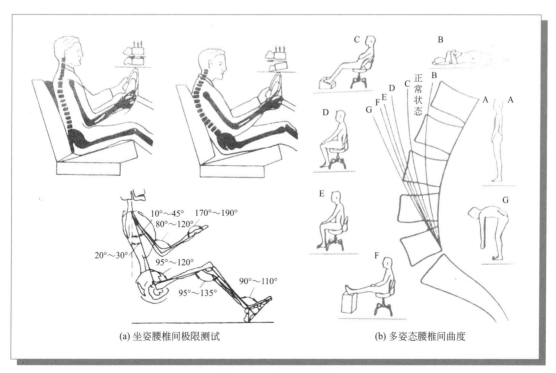

图3-34　人体活动范围

首先，人有各种各样的生理上的局限。人的身体有一定的高度；人对空气、温度、湿度都有一定适应范围；光线、可见度和环境对人的视觉有很大影响；人会疲劳；人的注意具有一定的阈限，低于或高于阈限的刺激都难以被人所感知；人的知识和记忆既不是非常精确，也谈不上可靠；由此可见，我们在设计时必须关注人的局限，避免设计超出人的有限的能力范围。

其次，人与人之间的差异巨大。不同人之间由于性别、个性、成长背景、生活环境、文化背景等无数因素所造成的巨大差异。人与人之间如此巨大的差异使设计工作变得异常复杂和困难，同样一件产品，对这些人非常好用，而对另外一些人，也许并不好用；在一个地区非常实用，而到了另外一个区域，就会成为非常不良的设计。

设计必须尽可能充分地考虑人的身心的极限。人机工程学的研究为我们提供了很多有用的关于人的局限的数据和知识，设计师在设计时应运用这些知识，同时也要根据不同的设计要求来灵活处理这些数据和知识。如图3-35则是根据图3-34中的身体极限进行人体曲线舒适性的研究，这些可作为座椅开发与设计的参数。

图3-35　人体曲线舒适性的研究

（3）自然匹配

诺曼认为，自然匹配指利用物理环境类比和文化标准理念设计出让用户一看就明白如何使用的产品。人机工程学中有一个概念叫"控制显示的相合性"，指的就是控制器与显示装置之间的匹配关系。要求仪表排列与人的视觉习惯相吻合，操作人员可以直观明了地接收到物理关系中传递的匹配信息，不会出现歧义理解。

所谓匹配，就是两事物之间的相关性。这种相关性规则与人的感知特征相符，使得用户自然而然地想把两者联系起来。计算机硬件中，键盘和鼠标接口完全相同，如何分辨它们互相对应的与机箱体连接的端口呢？很简单，键的接口颜色是紫色或蓝色，鼠标的接口颜色为绿色，这种颜色的自然匹配本质上还是视觉上的自然匹配，会大大减少错误操作的频率。

（4）易视性和及时反馈

易视性，是指所有的控制件和说明的指示必须显而易见；反馈，即使用者的每个动作应该得到明确的、及时的回应。

（5）易学性

产品、界面应能使人快速而有效地学会使用方法。衡量产品易学性的度量单位是学习时间。根据人"记忆"和"学习"的基本生理、心理机制，通过记忆中的组块人们能不经思考、自动地按照一定程序工作。提高产品的易学性的具体做法包括以下几方面。

a.减少认知负荷。

b.学习和运用适当的训练方式。

c.增加向导，减少学习是"易学性"原则的核心。

（6）简化性

对某些产品设计限制或避免那些不必要的功能；采取折中的做法，将必要的和最常用的功能放在最显眼的位置；采用系统化设计和标准化操作模式以简化学习过程，防止操作指令变化过多而导致容易遗忘。

（7）灵活性、兼容性与可调节设计

对于用户使用行为、流程的分析虽然越细腻越好，但针对他们所做的设计并非越细越好，因为用户并不见得总是严格按照设计师预设的行为模式来学习和使用物品，那些能较为灵活地满足用户行为多样性需要的设计更符合消费者的需要。这种灵活性不应以增加更加复杂的操作流程作为代价，而是一种貌似简单的精心设计。设计中应充分考虑设计与用户行为之间的灵活度，为用户多样化的需要和使用习惯留有可调节的余地。具体包括如下方面。

a.尺度上的兼容度。比如减少空间的分割或者使空间分割灵活可调，以最大限度满足各用户不同的尺度要求。

b.行为流程上的兼容度。不导致意外事故和危险的前提下，允许用户按照个人的习惯、情景需要来安排自己的使用行为。

c.使用方式上的灵活性和兼容性。可以以多种可能的方式使用同一物品。

d.使用环境和使用平台的兼容性。产品不应该是需要过多的配合条件或条件限制才能使用，软件应确保在不同硬件设施和软件环境下都能正常使用。

三、产品设计与用户出错

设计的对象是用户，而出错是用户的基本属性之一。由此可见，优秀的产品设计须以用户的心理和行为模式分析为基础。针对用户模型、用户常规思维和设计师设计思维的分析对工业设计师具有指导作用（图3-36）。

1.用户出错的类型

丹麦心理学家拉斯马森（Rasmussen）将人的操作活动与决策划分为技能基、规则基和知识基三类。Rasmussen据此将人的出错也分为相应的三种类型，即错误、失手和失误。错

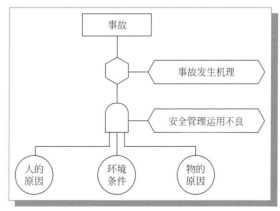

图3-36 用户出错与事故因素

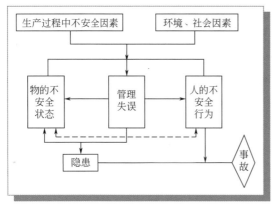

图3-37 事故和隐患分析图

误表示的是方向的歧途，是动机的不正确，是设计目标的错误设定；失手指在动作的完成过程中出现的错误，着重指与计划动作不相符的未计划的行为；失误与失手的相同点是均指在行动实施过程中出现的错误，但失误中的错误行为已纳入计划行为中，也就是说，是想做而未做好，即行为失误。

错误，是有意识的行为，是由于人对所从事的任务估计不周或是决策不利所造成的出错行为。失误是使用者的下意识的行为，是无意中出错的行为，两者的区别在于，如果用户针对问题建立了合适的目标，在执行中出现了不良行为，就是失误；而错误则是根本没能确定正确的行动目标（图3-37）。

2.设计引起的用户出错

（1）设计思维的偏差

设计人员在设计过程中经常犯的一个错误，就是误以为自己只是普通的用户，普通的意义在于设计人员认为自身可以作为典型用户的代表。这样的想法是否真的可行呢？

第一，设计人员与普通用户的知识体系尤其是针对其设计的产品种类而言，差别相当大。设计出的产品视如己出，当然是再熟悉不过。而用户显然不可能也如此轻松的像设计人员一样成为该产品的评析专家。

设计人员对其产品的固有认识根植于其头脑中的知识存储，这种知识的提取和使用既方便又可靠，所以即使设计人员认为自己是真正的使用者时，也基本上不会存在认知和操作错误。不同的是，对于不知或很少使用该产品的用户来说，他们需要靠经验、模仿或者借助于外界知识来提醒、引导其进行正确操作。

第二，设计师总是不自觉地认为用户具有和他同样的思维能力和思维方式。一方面，认为用户在使用、操作过程中也会如他们一样用谨慎、缜密的推理思维进行思考，其直接后果是造成以机器为中心的设计观，用户不得不用逻辑思维来确保操作的正确性；另一方面，设计师按照自己的思维方式开发新产品，尤其是软件设计人员，他们认为自己的作品可以直接轻松地被人理解和接受。事实上，也许另一个软件设计师都不能明白他的"软件语言"，其直接后果是造成以自我为中心的设计观。

设计人员在设计过程中，主导思维是理性思维，主要表现为逻辑思维和发现式探索思维。然而我们不能忽略的事实是，用户在日常生活中并不是以逻辑思维为主要的思维方式，用户在面对一件并不熟悉的产品时并不需要展开其推理思维。如图3-38通过合理的界面和仪表设计降低用户出错。

失误的发生往往是不可预计，并且是难以杜绝的。常见的失误包括以下几种。

a.漫不经心的失误。这种失误常与行为的相似性有关，有时也是由于注意力分散。

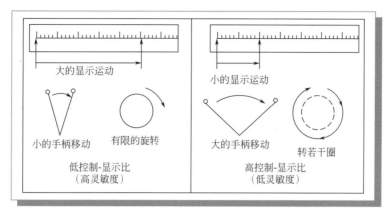

图3-38　通过合理的界面和仪表设计降低用户出错

b.技术性失误。这种失误产生的原因常是主体对该动作很熟悉，但不够全神贯注或者过于急切。

c.环境刺激产生的失误。执行受到外界的干扰，就可能造成失误。

d.联想失误。是由于内在的意识和联想造成的。

e.迷失目的的失误。这种失误最常见的是忘记了最初目的。

f.功用的失误。常发生在一项设备或一种控制可能实现几种功能的情况下。

（2）人们日常的思维方式

通过对人们日常的思维方式进行研究，现归纳如下。

第一，"因果"关系思维，即"当我采取某个行动时，我会得到某个结果。"这是比较常用的一种思维方式，通过"因果"关系思维，人们很容易积累很多操作经验，有助于过程性知识的积累。

第二，从形态的含义发现行为的可能性，用形态语意表明的功能信息或操作信息，或者是利用物理限制因素对用户操作行为做出引导，实现其操作目的。这种思维方式也可使用户获取大量的操作经验，是基本的思维方式。

第三，"现象—象征"经验，即"当某现象出现时，象征出现了什么条件。"如仪表显示无异样，并无报警声音或红灯（表示非正常工作状态）指示，象征机器运行状态为安全；又如自鸣式水壶发出鸣笛声时，象征水已经烧开了。象征性质的现象实质上代表了对操作的反馈信息。信息反馈是必要的，反馈原则也是设计的重要原则。

第四，尝试法。尝试法是指面对陌生现象或不熟悉问题时所进行的具有试探性质的行为。尝试法是探索发现式思维的方法之一，可用来解决实际问题，但由于其目的性不强，可能需要耗费大量时间尝试或依据经验做出判断。由于只是试探性地进行操作，因此并不能确定结果的有效性。

第五，想象。想象作为一种思维方式，应用十分广泛。想象具有跨越性，可以把看似无关联的两事件联系起来，有很强的"我想着…"之类的主观意识。

设计师作为专业人员，不论是从知识构成还是从思维方式上都与普通用户存在很大差异。只有真正从用户的实际操作中感知其认知方式，了解其思维方式，从中获取反馈信息并将其转化为设计语言，才能将设计的"编码"与"解码"相匹配，设计人员的设计模型才能与用户模型相符（图3-39）。

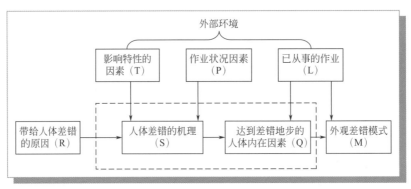

图3-39 思维、意识与差错

（3）理解有误

心理学中的理解是指个体逐步认识事物的联系，直至认识其本质规律的一种思维活动，是一个逐步深入揭露事物本质规律的思维过程。现代设计不再只是设计师一厢情愿的游戏，新的游戏规则是互动式的创造。设计不再只是针对没有生命的实体，它成为一种传播媒介物，符号成为传播载体。一边是符号的制造者，一边是符号的接受者和使用者，制造者的"编码"需要使用者的正确"解码"才能复归其真谛，这就是设计中的理解过程。理解是沟通的前提，是互动的基础和先决条件。

如图3-40、图3-41是两组不同形态的椅子，但语义明确而简单，前者指示坐，后者指示躺。他们所强调的是语意符号的媒介作用。所谓语意，即指人们在接受设计符号刺激后对该设计符号形成的概念及印象。语意传达成功或是失败，前提是设计者与接受者在知识存储中具有相同或相似的部分，即重叠的知识信息集合，否则两者之间就无法进行沟通。要使别人能了解你要传达和释义的设计内涵，必须要做到用对方的语言解释他们不曾经历过的事物，即"用对方理解的东西去解释他们不理解的东西。"这样才能达到传达释义的目的。前提是设计师必须了解设计针对的目标受众的知识背景、知识层次和知识结构的特征及接受信息的特点等。

图3-40 旭川国际家具设计银奖座椅

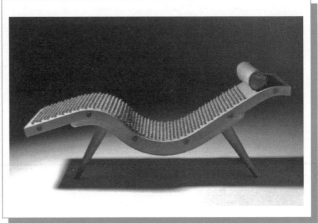

图3-41 具备按摩作用的休闲躺椅

3.差错应对和容错性设计

从以上观点来看，错误常常是由于信息缺乏、考虑不周、判断失误、不良设计或是对问题估计不足造成，后果有时非常严重，因此应该尽可能通过周密的设计和预检验来避免；而失误是由于人思维特征所造成的，是不可能彻底避免的，只能依赖设计一些方式以减少失误或在事后弥补，减轻损失（图3-42）。

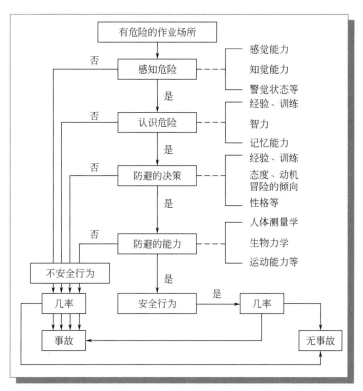

图3-42　容错性比率研究

差错既然无法完全避免，又可能对作业产生极大的影响，因此设计师在"可用性"问题上必须考虑应对差错。差错应对一般包括两个方面，一是在差错发生前加以避免；二是及时觉察差错并加以矫正。常见的设计方式如下。

（1）提供明确说明

例如为了避免由于过多相似开关造成的识别方面的失误，可将开关根据不同的功能设计成不同的造型或者颜色。

（2）提示可能出现的差错

例如电脑界面中一个通用的"差错应对"设计，即当你做某些操作时，它会提示你："确实要删除吗？"并且一般删除文件首先被存储在"回收站"内，必要时使用者可以从"回收站"中找回文件。还有很多设备所具有的"undo"操作，也是属于提示用户操作可能带来的差错的通用策略。

（3）失误发生后能使用户立刻察觉并且矫正

一个经典的例子就是美国的自动提款机，为了防止用户将卡忘在机器上，它会要求用户抽出卡来才能提取现金，这种应对方式也被称为"强迫性机能"（即人如果不做某个动作，下一个动作就没办法执行）；另外一种是"报警性机能"，例如有些汽车的设计，一旦用户将钥匙忘在上面，汽车能发出报警声。

分析设计出错是探究设计心理的重要内容之一，同时也为创造优秀的设计作品，提出合理的设计原则奠定理论基础。如图3-43理性分析了各种仪表误读的案例并进行优劣性比较。

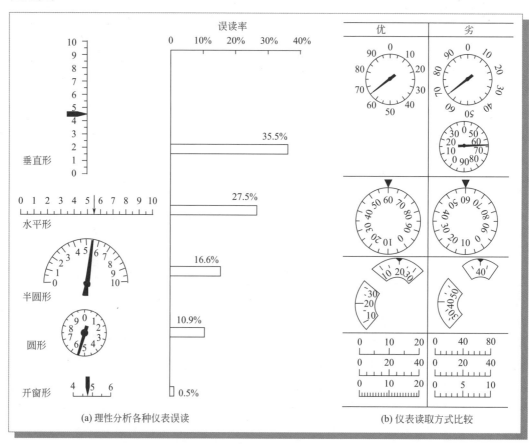

图3-43　各种仪表误读的案例

第三节　设计中的环境艺术心理

一、环境与心理环境

环境行为是人类的自我需要。不同层次、种族、年龄、文化水平、道德观念和伦理的人对环境的需要是不一样的。这种需要是无限的，会随着时间和空间的变化而变化，它同时推动了环境的发展和变化。不同的环境会产生不同的行为方式，形成不同的行为规律，也表现出各自不同的空间流程和空间分布。如图3-44属于炫丽时尚的商业性空间，而图3-45则属于典雅和谐的家居空间。

图3-44 炫丽时尚的商业性空间　　　　　　图3-45 典雅和谐的家居空间

1.环境

环境是围绕着某种物体，并对该物体的"行为"产生某些影响的外界事物。它包括对于主体心理现象行为产生影响的全部外界条件，一般分为物理环境和社会坏境。其中物理环境包括自然环境和人工环境：自然环境是周围自然界存在的各种自然因素，如图3-46流水别墅是赖特先生强调自然和谐的有机建筑，图3-47是密斯·凡德罗设计的范奥斯住宅，强调人与自然融为一体。人工环境是周围人造物组成的世界，如图3-48是五十岚威畅强调结构的人造空间形态。社会环境是人们所在的社会经济基础和上层建筑的总体，包括了社会的经济发展水平、生产关系，以及在此基础上建立的政治、文化、宗教、法律、艺术、哲学等。这一"环境"的定义，特别强调环境的整体性和社会意义。如图3-49、图3-50的中央电视台新大楼和国家大剧院，两者都特别注重建筑所强调的社会环境和社会意义，体现了开创进取和伟大卓越的时代风貌。

环境对于主体心理及行为具有举足轻重的作用。这方面的研究已积累了丰富的理论成果。早期围绕环境的心理学研究侧重个体过程，而非人—环境系统。20世纪60年代后，受生态心理学和系统论等新兴学科的影响，环境心理研究趋向将人的行为作为环境系统

图3-46 流水别墅（赖特）　　　　　　　图3-47 范奥斯住宅（密斯·凡德罗）

图3-48 强调结构的人造
空间形态（五十岚威畅）

图3-49 中央电视台新大楼

图3-50 国家大剧院

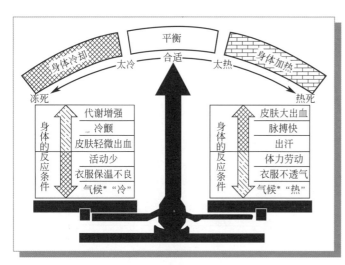

图3-51 人在冷热环境的应激反应分析图

的一部分加以研究。这几十年来积累的主要理论概述如下。

（1）应激理论

应激理论认为环境能给人们提供各种各样的感官刺激，如光照、色彩、噪声、温度、房屋、街道和他人，人对于这些刺激能产生相应的生理、心理反应，即所谓的"应激"。基于应激理论，学者们从不同角度提出了各自的理论。

适应水平理论，提出个体能适应一定水平的刺激，当刺激与适应水平不同时，则会改变其行为。如图3-51是人在冷热不同环境中寻求平衡的应激反应分析图。

唤醒理论，环境中的个体的各种行为、经验的形式和内容与我们生理上的唤醒（例如脑活动、心率、血压等）相关。

压力理论或负荷理论，当环境提供的刺激量超出个体适应能力时（过多或过少），超负荷或负荷不足，都会对个体的健康和行为造成影响。前者过度拥挤，后者则过于孤单、单调。

（2）环境决定论

建立于行为主义的基础上，认为外因——情境，才是决定人的行为的主要因素。环境决定论者过于夸大规划师和建筑师的建筑作用，他们认为人的行为和过程完全受环境支配的，只要改变城市或建筑的形式，即能改变人的行为，就能组织社会，为人类造福。

（3）生态心理观

生态心理观的代表人物认为：个体的行为与环境处在一个相互作用的生态系统中，

人的行为具有一个时间和空间的背景，因此研究人的行为必须关注这个行为与形成行为背景的整体。大卫·坎特提出了"场所理论"，认为场所是"表示在此场所中活动着的人们的个体的、社会的和文化的各方面综合起来的经验系统"，类似于"心理环境"或情境，包含了人的环境经验以及从其他辅助信息源获得的个人概念和情感，是人们的"实质环境的内在表象"。如图3-52是深受生态心理观的影响，强调建筑环境所营造的是个体经验系统的心理情景和场所。

图3-52　强调建筑坏境所营造的心理情景和场所

（4）控制论

控制论提出人可能适应刺激，但人也能主动对环境加以控制。1975年奥尔特曼（I.Altman）提出维度理论，认为"拥挤"和"孤独"是空间设计同一个维度的两端，人的空间行为就是为了优化和调节这个维度。例如人孤独时会主动接近他人，拥挤时则会主动离开。这一理论巧妙地将私密性、领域性、个人空间联系了起来。最初将人的心理活动和行为与环境联系起来加以研究的，还有不少建筑设计和城市规划领域的学者、专家，和研究居住点的居民行为的人类学家。

20世纪60～70年代，逐渐形成了一门新的心理学科——环境心理学。普罗夏斯基给出的定义是："环境心理学是研究人与他们所处环境之间的相互作用和关系的学科。"物理环境与社会环境是一个整体，难以分割。由此可见。环境心理学从诞生起就与城市规划以及环境设计、空间设计交织在一起，环境心理学家提出他们不是单纯地从事学术研究，最主要的是解决日常生活中的环境问题。这一点与设计心理学中的环境研究不谋而合，并且其中许多环境心理学研究成果也可以用于设计心理学。

2.心理环境

心理学研究中的环境与一般意义上的环境不尽相同，它与人的行为始终联系在一起。因此心理学中将环境区分为"事实的环境"和"心理的环境"。前者是客观存在的事实环境，不论人们是否觉察或意识到，它都实际存在；而后者则是主体对环境因素的主体感受，是人与事实环境之间存在一个中间的环节——与人的行为直接相关的环境。

行为公式说明，人的行为同时受到个体和环境这两个因素的共同作用，不同个体可以对于同一环境产生不同的行为，同一个体对于不同环境可以产生不同行为，有时有一个体在同一环境下也能产生不同行为。

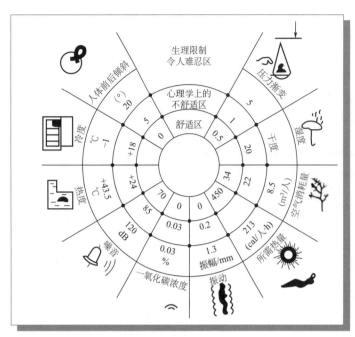

图3-53 影响人机环境的因素

由于环境对于主体心理和行为具有如此重要的作用，它已成为设计心理学中不可或缺的研究内容。作为设计心理学的重要理论来源的工业心理学及人机工程学，从系统的角度提出了人——机——环境系统的概念，任何人机系统都要处于一定的环境中，环境对于人和机器都具有一定的影响。其中，人比机器更容易受到环境影响（图3-53）。环境因素包括物理环境和社会环境，物理因素包括了声、光、气温、振动、压力等因素，社会因素包括组织关系、家庭生活、管理制度、生活习惯、社会风尚等因素。如何改进环境因素，提高人的作业效能，是我们设计中必须考虑的。

设计心理学中的环境包括工业心理学中的人——机——环境系统中的环境，但它的内容更加丰富。它是围绕设计艺术相关行为，并对它产生影响的所有外界实际条件，既是设计艺术中的各个主体（设计主体与设计目标主体）赖以存在的外部空间，也是艺术设计得以产生和生产、使用和销售的全部外部条件。设计心理学对环境的研究，不仅包括了客观存在的事实环境（物理环境和社会环境），还包括设计艺术相关的活动中主体通过认知而形成的心理环境。

设计心理学中的环境研究，一方面通过吸收和利用一般环境心理学研究中所发现的人与环境之间的相互作用的一般规律，解决环境设计中的相关问题，改善环境使其更符合人的需要，为人们创造更适宜的栖息环境；另一方面，设计心理学还关注影响设计物产生、使用、销售、维护的客观环境因素。我们将这两类针对环境的研究——人与环境的关系以及环境与造物的关系称为"栖息环境的研究"和"造物环境的研究"。如图3-54明清时代典雅的客厅装饰，营造出宁静和谐而有品位的"栖息环境"。而图3-55是现代主义倡导者蜜斯·凡德罗设计的伊利诺斯理工学院教学实验大楼，利用现代的材料和结构，营造出理性、单纯的现代格调，强调科技、工艺和社会效应。具体的研究内容如下。

a.人与环境的关系，包括：一是环境如何影响所处其中的主体的心理活动和行为；二是如何通过设计创造更加符合主体需要的人居环境。

b.环境与造物的关系：造物的环境因素，包括物理环境和社会环境，其中影响造物的物理因素包括技术水平、工艺、材料、地域、资源等因素；社会因素则包括社会体制、经济水平、文化、习俗、生活方式、消费方式、制度和法规等上层建筑的因素。

图3-54　明清时代典雅的会客厅　　　　图3-55　蜜斯·凡德罗设计的伊利诺斯理工学院大楼

综上所述，艺术设计心理学中的环境研究所涵盖的内容非常广泛，我们只能阐明那些与艺术设计结合最为紧密，直接影响艺术设计行为的重要理论、观点和原则。

二、物理环境

设计艺术的物理环境主要是指围绕在设计艺术相关行为周围并能与其产生联系、相互影响的外界客观事物。具体而言包含两个方面：第一是为造物活动提供必要物质供给的外界环境；第二是人们日常生活、工作的空间环境，这一环境也是人们设计、制造、使用物的空间环境。如图3-56是极具代表性的解构主义空间设计，强调全新的时代理念和空间环境理论。

1.环境心理与设计

处于环境中的人对环境的心理活动形成过程如下。首先，会通过对环境的感知，接受环境的刺激，从环境中获取信息，这些信息能影响人的心理活动，给人带来不同的情绪和感受；其次，某些刺激会引起人的自动的反射行为，同时，环境的信息进入大脑，成为人的经验和知识中的一部分；最后，人们通过对这些信息的分析、处理，会采取相应的行为，行为反作用于环境，能对环境产生相应影响。

（1）环境认知

环境认知是主体与环境发生交互的基础，对环境的认知是主体认知的重要部分，它遵循主体认知的一般规律。主体对环境的认知包括：高度、广度的认知；距离的认知；尺度的认知；空间的认知；开放性和封闭性的认知。

（2）主体的心理距离

1966年，人类学家霍尔出版了《隐藏的向度》一书，提出了所谓的"距离学"。他根据人们之间的心理体

图3-56　现代解构主义空间设计

第三章　>> 设计心理学的一般应用　081

验，将人们之间互动的距离按情感亲疏关系划分为四种。

密切距离：0 ～ 45.72cm。

个人距离：45.72 ～ 121.92cm。

社会距离：1.22 ～ 3.66m。

公众距离：3.66 ～ 7.62m。

人与人之间的心理距离主要取决于四个方面的因素：个人因素、人际因素、情境因素、文化因素。不同文化的人们的人际距离不同。中东、地中海地区的人们重感觉，因此交往距离比较近；美国则比较远；而德国人比较重视个人隐私，交往空间更远。设计师应根据情境的具体需要进行设计，提供给环境中的个体以最适宜的空间距离。

（3）领域性

动物都具有领域性，即要求占有或控制一定范围和空间的习性。对人而言，这是人们对于空间需求的特性之一，帕特兰认为："领域是个体、群体使用和占有的一个区域界线的空间本能，即为了延续种群，控制密度，保护食物源等。"

后来，人类的领域性逐渐从生理需要发展成为高级的心理需要，人类不再会像动物那样依靠厮杀来保护领地，人的领域性更加复杂，具有特殊性。

图3-57 动画角色的领域空间

首先，人类占有领域的目的发生了变化，不再是为了繁衍和食物的需要，而是：a.建立有序的秩序。通过一定的领域划分，能减少潜在的冲突，例如房屋提供给人合法的领域占有权，保护个人财产。b.领域性能保证人们具有独处的个人空间，以保证具有一定的私密性。c.研究还发现个人领域能使其比较放松，对情境具有更多的控制能力。如图3-57虽为动画角色，但也明显的在争夺领域空间。

其次，人类的领域占有还具有一定的层次性，分为主要领域、次要领域、公共领域。主要领域是拥有者几乎能完全控制的领域，例如卧室、书房等，人们通常希望这些地方具有明显的个性特征。在设计中，格外需要考虑主人的个人偏好，这既是因为主人具有完全的控制权，而能够任意布置，也是因为主人希望凭借装饰布置标记其个人的特征。次要领域是使用者虽然不居于核心地位，也不排外的领域，例如客厅、起居室、办公室等。公共领域属于可供任何人暂时使用的领域，例如公园、街道、剧院等，人们分享这些区域。这一划分其实与人的心理距离的划分具有一定的对应关系。

最后，人类标记领域的方式除了会使用一些边界，例如围墙、院落等之外，在次要领域和公众领域通常会使用一定的标记。

2.人际关系与空间设计

互动的人形成了各种亲疏不一的人际关系，并伴随相应的心理活动。心理通过其外在行为显现出来，这使得人们在同一空间内所处的位置以及所处位置所带来的交互方式又能表达和体现出相互之间的人际关系。这种空间所处位置有时是通过一定的惯例或礼仪制度而人为确定的，最常见的就是所谓的正式宴会桌的位置排布，或者商务谈判中的位置排布，个人所坐的位置直接体现了他们的角色。而有时则是人们下意识的行为，是其由于人际关系而产生的一种不自觉的行为，这些行为往往能更加真实地体现人际关系和潜在心理活动。

从设计的角度而言，如果空间不能正确反映其中活动的人之间的关系，那么人们很可能感到不便或局促。相反，如果设计师能洞察空间内的人际关系，以及可能产生的心理体验，则既可能创造出较为适宜，适合互动活动的空间，也可能利用巧妙的空间设计，调节互动活动，为人们提供更加符合需要的环境。

3.拥挤与空间设计

如前面提到奥尔特曼（I.Altman）的维度理论所说："拥挤"和"孤独"是空间设计同一个维度的两端，人的空间行为多是为了优化和调节这个维度。比如当人久而独居的时候，就会渴望寻找一定的陪伴，而如果处于人口密度过大的环境中，就会感觉拥挤。拥挤是一种消极、不快的情感体验，它比起孤独而言能更加直接地对主体产生不良影响。此外，孤独可以通过主体的自觉交往行为加以缓解，而拥挤则常常与环境布局的不合理设计而导致的人流量、密度、噪声、温度、气味等相关，是环境设计中应着重加以解决的问题。如图3-58动画场景中拥挤的空间。

图3-58　动画场景中拥挤的空间

和其他环境心理一样，拥挤感也同样受主体个性的影响，比如，喜爱交际者比较能接受较为拥挤的环境。调节拥挤感的设计方式主要包括三个方面。

第一，是通过适当的陈设或环境布置，调节环境认知，常见的方式包括：提高空间的照明度；在房间四周使用镜子或透明的玻璃，可以增大认知中的空间大小；浅色房间显得比深色房间大；减少室内陈设能使房间显得更加宽敞有序。

第二，提供一定的空间分隔。心理学研究认为，拥挤感的产生与人的私密性被侵犯有一定关系，通过分隔空间，能减少感觉输入的环境信息，这样就能减少拥挤感。

第三，调节人流密度的设计。许多公共空间中的人并非总是静止，而是处在不断的流动中，人流密度大的地方应将空间设计得更大一些，而人流小的空间可以相对小一些，同理，通过缩减停留时间能降低拥挤感。

4.物理环境设计

物理环境是人们根据自身需要而逐渐创造的环境，环境的设计应根据人们的行为、活动设计，来满足不同使用群体的需要。根据环境中发生的主体行为不同，可以将物理环境分为工作环境、家居环境，公用环境。

（1）工作环境

工作环境设计的重点主要是如何提高主体的作业效率。例如办公室的设计与工厂虽然同为工作环境，但是要求不尽相同。办公室工作主要的姿态是坐，需要更多考虑工作台面的尺度以及座椅的设计；此外还应保证环境具有一定的私密性，保证每个作业者具有相对独立的空间，使他们能处于较为放松的状态，注意力不受打扰。相对而言，工厂的工作空间往往比较大，并且可能在同一环境中要完成若干项相关的不同作业项目，因此设计的注意点也比较多。

a.空间布局应与工作流程相符合，这样可以缩短人与物的流动距离，避免相互交错带来的混乱和互相干扰。

b.工具放置位置和工位空间布置应符合作业的特点和人的尺度，工具应摆放于易于找寻、方便拿取之处。

c.照明，一方面要保证充足的作业用光，且亮度分布均匀合理，还要避免眩光现象。如图3-59的研究表明良好的照明与工作效率直接相关，而从图3-60可看出优雅的视觉环境还能营造良好的情感氛围。

d.噪声，过大的噪声会引起人的焦躁、厌恶等不愉快的情绪。

e.环境色，环境色调应符合一般的色彩心理感受规律。

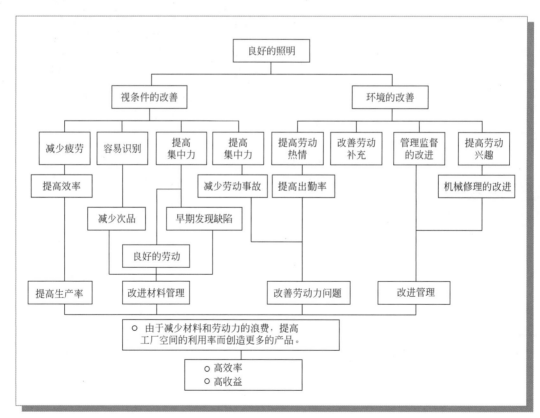

图3-59　良好的照明与工作效率的关系

（2）家居环境

家居环境显现了主人的群体关系、社会背景、文化素质等稳定的特征，也打上了其个人经历的烙印，具有鲜明的个性化特征；并且居室作为人们最常栖息的环境，能反过来影响和强化其个人意识。居室设计除了要考虑光照、色调、噪声等因素之外，还应重点注意两个方面：一是重点协调私密性和公共性的需要，建立更加和谐、友好的家居环境；二是主人的特征、品质、经历、社会地位、文化背景（图3-61）。

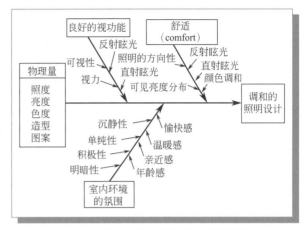

图3-60 优雅的视觉环境营造良好的情感氛围

（3）公共环境

公共环境，主要包括街道、广场、剧院、图书馆、商场等环境。这些场所中人流量大，其空间设计主要包括：一是保证人流通畅；二是无障碍设计，例如剧场、医院等场所应考虑老弱病残的特殊需要，尽量为差异性的人群提供使用、栖息的便利；三是目的性需要，根据不同场所的特定目的进行设计；四是公共安全的需要，例如遇到紧急状态如何疏散、救助的需要。如图3-62是系统设计的现代大型公共空间环境。

图3-61 温馨高雅的家居环境

图3-62 系统设计的现代
大型公共空间环境

最后，在各类环境设计中，设计师还应充分考虑到各种环境限制。包括物理环境带来的限制，及社会规范或文化带来的环境限制，例如参加讲座、图书馆或者肃穆的场合下，不应使随身携带的设备发出音响等。

5.氛围设计

氛围是指围绕或归属于特定根源的、有特色的、高度个体化的气氛。环境氛围是环境带给处于其中的主体的一种综合性的、有特色的心理体验。人们处于特定的环境中，环境的视觉、听觉、嗅觉和触觉的综合作用，会使消费者产生不同的主观感受，因此环

图3-63　围绕主题的情感体验式的氛围环境

境氛围是主体视觉、听觉、嗅觉、触觉的综合。"氛围"能使主体产生三种主要的调节消费行为的情感，分别为愉悦、激励和支配。这三种情感能促使消费者在商场停留更多时间或者比原计划花费更多金钱购物。

氛围是一种综合性的心理体验，它主要取决于两个方面的设计，第一是空间的布局；第二来自室内陈设和布置。居室内的陈设归纳为三个要素——陈设的位置、陈设之间的距离以及象征性装饰的数量。例如教堂中的陈设，高天花板、玻璃窗、绘画和雕塑、幽暗的灯光能引起人们的敬畏感和服从感。从艺术设计的角度说，陈设自身的设计风格是形成氛围的重要因素，也是形成环境的个性化特色的重要原因。设计师为了给环境营造某种氛围，会使用一些能产生类似联想或情感体验的装饰物以及具有特定风格的家具设施作为道具，有时还将带有个人印记的物品作为体现环境个性化的提示。如图3-63是围绕主题展示需要，精心策划和设计的情感体验式的氛围环境，感染力极强。精心设计的环境不仅能带给主体舒适的身心体验，而且还能给他们带来情感的满足和精神的愉悦。反过来看，不当的环境氛围则会影响主体的情绪，造成心理上的不良反应，如在医院病房里使用刺激鲜艳的色彩，或摆放后现代风格、波普风格的家具等，都可能使本来心情郁闷、焦躁的病人更加焦躁不安。

三、社会环境

社会环境是影响人的行为的环境因素中一切非物质的因素，它是环境因素的重要组成部分，并且许多学者认为，社会环境对于人的行为影响尤胜于物理环境。

群体是两个或两个以上的人，他们相互作用去完成某些共同的目标，社会是人们在劳动和生活中形成的群体的总称。社会环境对于人的心理活动和行为的影响，是通过群体之间的相互影响和相互作用而实现的。文化是指那些作为整个人类特征的各种属性，这是将文化作为一个整体性的概念而言的，文化将一个特定的社会连为一体，它包含了该社会中存在的思想、技术、行为模式、宗教和风俗等。文化通过社会加以体现，社会环境对人的心理与行为的影响本身就渗透了文化的作用，从这点说，文化可以看作是社会环境中的重要组成部分。如图3-64社会环境为主导的大场景氛围。

进一步说，设计艺术是处于一定社会环境下的造物的艺术，社会环境也是影响设计活动最主要的情境要素之一。社会环境直接制约着人们的消费行为，并通过消费者行为反作用于设计制造上。如图3-65是日本银座的商业展示空间的设计。

社会是设计艺术的情境因素，并且这种影响首先就是通过人的行为而产生的。由社会关系所形成的社会环境对设计艺术的影响，首先反映于对人（特别是物品的使用者）心理的影响，并通过人的行为直接作用于艺术设计活动。

图3-64　社会环境主导场景氛围　　　　　图3-65　日本银座橱窗设计

1.群体、参照群体与家庭

（1）群体

群体（group），是指人们彼此之间为了一定的共同目的，以一定方式结合在一起，彼此之间存在相互作用，心理上存在共同感并具有感情联系的两人以上的人群。相较于个体，群体是设计师更应该关注的对象，因为他们之间以某种形式或组织联系在一起，他们有共同的目的，斯普罗特（Sprott）指出这群人之间的相互作用要多于与其他人之间的相互作用。

（2）参照群体

参照群体（reference group）是作为某个个体的比较点（或参照点）的人或者群体，从而使该个体形成了一般的或者特殊的价值观、态度或者特殊的行为导向。

参照群体对设计艺术的意义在于，首先，参照群体的喜好是设计师进行设计创意的重要资料来源。其次，通过参照群体来宣传和推广产品是广告设计中最常见的手法。除了名人之外，其他参照群体也常被用于广告或其他促销行为中，例如佳洁士牙膏搬出了护牙专家来提供所谓的"权威意见"；汰渍洗衣粉以普通家庭主妇的实践经验作为证据。

（3）家庭

家庭（family）是社会的基本单元，所有参考群体中，家庭成员之间的联系最密切，许多消费决策和行为都是以家庭为单位展开的。家庭是一个动态的概念，即家庭中的成员总在不断变化，并可以划分为不同的家庭生命周期。一个完整的家庭周期包括单身阶段、新婚阶段（结婚到第一个孩子出生）、核心家庭阶段、做父母之后阶段（子女能独立生活）、分解阶段（丧失配偶的阶段），处于不同周期的家庭具有不同的家庭结构也形成不同的家居环境。如图3-66为温馨浪漫的个性化家居空间。

图3-66　温馨浪漫的个性化家居空间

最常见的家庭结构包括以下几种。

a.夫妻家庭：夫妻二人组成的家庭，又可以分为青年夫妻或老年夫妻等。

b.核心家庭：夫妻与未成年子女组成的家庭。消费通常会围绕孩子。

c.扩大型家庭：核心家庭与双方的直系亲戚（例如双方父母）住在一起，兼有老年夫妻和核心家庭的购物习惯，并且喜欢使用大包装的商品。

家庭的权力分配很难一概而论，与家庭成员的收入情况密切相关。

2.阶层

社会阶层（class）是一个对比的概念，即通过该阶层成员与其他阶层成员的对比来加以定义其在一个社会中所处的地位。社会学家通常按照地位等级高低将阶层分为五种：上层、上中产阶级、中产阶级、下中产阶级和下层。评价社会成员的阶层有三个最核心的因素：财富（经济资产数量）、权利（个人选择或影响他人的程度）、声望（被他人认可的程度）。学者们在研究中为了更科学地定义社会阶层而制定了各种测量方法，其中最常用来定义阶层的要素变量包括：职业、教育程度、收入、财产（目前的拥有物），这些要素也是决定一个人的社会阶层的主要因素。比较科学的测量方式应是"复合变量指数"的测量，即综合以上因素中的几个来评价阶层等级。

综合指数分为两种，一种是身份特征指数，包括的变量有职业、收入来源、房屋类型和居住环境；另一种是社会经济地位，包括三个变量：职业、收入和受教育程度。

由社会阶层所决定的人的生活方式、消费目标、消费能力以及在选择消费物时所反映出来的品位（格调），也似乎存在高低等级。如图3-67年轻时尚一代追求个性与格调的着装，也从侧面显示出其阶层属性。因而我们有时会说消费物趣味高雅，而有些则属于大众消费。划分了社会权力等级的三种资本形式——经济资本、社会资本（名望）、文化资本，同样也是支配鉴别趣味的主要因素。趣味的高低并不是由于某种内在品质决定，而是由于其中所带的文化资本多少决定的。所谓的高趣味并无永恒的标准，它取决于一定社会中被确认合法和正当的文化，比如在欧美社会中被视为高品位的物品也许在非洲的原始部落则被视为怪诞丑陋。如图3-68欧洲典雅刻花彩绘玻璃在欧式古典建筑上显得高贵典雅，但在某些地域建筑中则未必。

图3-67　年轻时尚一代追求个性与格调的着装

图3-68　欧洲典雅刻花彩绘玻璃

当下批量大生产使得产品的同

质化趋向显著，如何通过物品来标志人们的社会等级出现了新的方式，既然原本依靠工艺或材料的高贵来区分物品等级，甚至人的等级，已经不那么容易，于是就出现了第三种区分的方式，即借助"知识资本"区别社会等级。人们要标志其等级必须掌握相应的文化知识，如果有钱而无适当的知识资本，那么他仅仅只能属于"暴发户"，仍然无法得到上层阶级的认可。在物品和服务的消费方面，进一步细分为依靠文化和知识背景区分的文化群体的概念，继而形成相应的趣味，比如"资讯的非物质世界与金钱的物质世界熔铸为一体"的布波族，追求精致生活的小资族等。这对设计艺术的影响在于，除了区分阶级之外，物品、生活方式还具有了区分文化等级的职能，设计师在迎合不同消费能力的同时，还需要制造相应的消费文化，标志具有不同文化资本的群体。

3.时尚心理

时尚（fashion）与前面阐述的从众行为关系紧密，从众往往导致时尚，它是与设计艺术关系异常紧密的一种重要的社会心理现象。时尚是既定模式的模仿，它满足了社会调适的需要；它把个人引向每个人都在前进的道路，提供一种把个人行为变成样板的普遍性规则。但同时它又满足了对差异性，变化、个性化的要求。如图3-69中的时尚背包、时尚休闲鞋、时尚打火机和移动存储盘，这些都是少男少女们的随身产品，既满足了个性的需求，又能大批量生产。

时尚形成的两个阶段，第一个阶段是变动的阶段，较高阶级或者知识资本雄厚的精英分子率先通过内容变动来拉开他们与一般大众之间的差距，这是时尚的萌芽阶段，它发生在时尚成为流行的前端，比如，每年的时装发布会推出的最新时装，它们是最时尚的服饰，但还没有流行起来。许多精英人士追求"时尚"，但他们又同时认为"凡是流行就是庸俗的"，他们不屑于与别人共享同一物品，始终要引导潮流的走向，他们的乐趣在于始终与一般消费者保持不远不近，又先于他们的距离。第二个阶段是时尚形成并泛化的阶段。当时尚发布后，较低阶层或者其他向往更高知识等级的人开始模仿时尚，这导致了时尚的泛化，流行一时而最终走向终结。

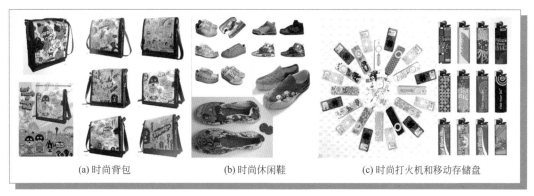

(a) 时尚背包　　　　　　(b) 时尚休闲鞋　　　　　(c) 时尚打火机和移动存储盘

图3-69　时尚产品

结合前面对于阶层消费等方面的理论，我们将时尚产生的生理机制和社会心理机制归纳为三点。

第一，满足受众突破现有生活方式和社会角色的束缚，向高阶层靠拢的需要。

图3-70　本能心理与好奇心理相结合的时尚制品

图3-71　体现时尚娱乐文化的店面设计

第二，满足受众求变求异的心理需要，求知本能与好奇情绪。

第三，满足受众的从众心理和对群体归属感的渴望。

如图3-70就是本能心理与好奇心理相结合的时尚制品。

个体的心理因素是导致时尚的不变因素，而时尚本身既是艺术设计的社会环境因素，同时它自身也受到社会环境的影响和制约，它的形成本身就是社会环境对于设计影响的体现。时尚形成具有显著的社会因素和时代特征，对于中国人的时尚心理影响最大的因素如下。

a.政治因素：例如知青文化、各种外交政策、文化政策等。

b.文化因素：电影、电视对于中国人的时尚具有非常重要的影响，此外还有参照群体，主要是影视明星、体育明星等。如图3-71是体现80年代后期青年一代对时尚娱乐文化的热衷追求的店面设计。

c.经济因素：生产水平提高，科技进步。

d.外来文化的影响。

4.文化差异与艺术设计

文化是一个非常复杂的概念，它是指社会成员通过社会交往而不是生物遗传继承下来的全部，包括在社会化过程中，由社会一代代传下来的思想、技术、行为模式、宗教仪式和社会风俗等，是人们习得的信念、价值观和风俗的总和。文化像一只无形之手，人们不一定清晰地知道它对我们心理活动和外在行为的巨大影响，但它的确自然而自动，并且根深蒂固地左右着我们的一举一动。

文化一般包括以下要素：认知和信仰要素、价值观和规范，语言和符号，仪式。文化的存在是人类社会发展和人的社会化的必然，它给人类的社会生活提供秩序、方向、规则和指导。

因此文化具有复杂性、多样性和发展性，人们在与持有不同文化的人接触时，往往会更加清楚地发现文化差异。

从消费者的角度看。文化对于艺术设计的意义在于，艺术设计所涉及的物品、环境和视觉符号都可以称为"文化细节"。文化定义了人，文化细节的差异使不同人之间的差异外显，换言之，物品、环境和符号，这些原本是人为自己服务而造出的物被异化，成为定义人及不同群体的特征的重要依据。因此，人已不再能随意选择物，而不得不根据自己的文化背景选择自己使用的物品、栖息的环境等。多数情况下，人们会选择与他们的文化背景相吻合的物品或服务。如图3-72是英国19世纪工艺美术运动领军人物莫里斯设计的作品，体现了那一时期的典型英国贵族文化特色。而图3-73中简约单纯的现代开敞空间，典型的现代主义风格。

图3-72　莫里斯作品

从设计主体的角度看，文化对于艺术设计的意义在于，设计师面对的是广阔而多样化的消费市场，消费者具有不同的文化背景，有自己的文化偏好和禁忌，当文化不同时，其差异主要体现在人的品位上。不同文化背景的消费者对同一产品性能的要求基本类似，而对由于文化所导致的产品特征的需求却截然不同。

文化差异在设计师进行跨文化设计（例如替跨国公司做设计）时，显得尤为重要，如果不加重视，很可能导致重大的设计失误。

如前面所说，文化的差异将整个社会中的人细分为小的亚群体（亚文化），同一亚文化的成员具有较为接近的种族起源、风俗习惯、行为方式等。设计师通过对某个特定亚文化群成员的特征进行调查，可以对该亚文化群体成员的消费心理进行有效的预测，这在市场开发和新产品设计中非常重要。

图3-73　简约单纯的现代开敞空间

设计师如何有效进行跨文化设计，将失误降低到最小？应从以下几个方面入手。

a.避免自我参照标准。

b.在设计的前期准备中做深度的文化调研。

c.认知、理解、接受和尊重不同文化之间的差异，尤其小心应对文化禁忌。

d.不要试图将一种文化强行移植到另一种文化中。

Design Psychology and User Experience

04
Chapter

第四章

用户体验相关概念

导 读：

设计心理学和用户体验有什么关系呢？

设计心理学是以满足用户需求和使用心理为目标，研究设计主体心理活动的发生、发展规律的科学；主要指向"人的行为及精神过程"的研究。而这个过程终端侧重于"用户的行为及精神过程"，这就是用户体验。本章配备了一些具有典型情怀的动态案例，通过扫码交互链接，带着您一起去领略和思考：设计心理学与用户体验的关系；用户体验设计的基本概念和发展沿革；以用户为中心的概念和方法；与设计流程相关的方法和体系。

第一节　体验设计领域概念初探

一、交互设计

1.什么是交互设计

交互设计（Interaction Design or IxD）是属于设计师的语言。交互设计是一种交叉型的设计，设计师以交互设计思维来定义、设计、优化人与产品的互动过程，交互设计的产出物可以是平面设计、界面设计、产品设计等等。根据产出物的物理属性，交互设计可以分为虚拟产品交互设计和实体产品交互设计两大方向。

2.交互设计的三个维度

虚拟产品多指数字化产品，可根据产品的呈现形式分为三个维度。

① 一维的交互方式指的是命令行（CLI）界面（图4-1），本质上是一种计算界面，按照从左到右的顺序输入命令，现在计算机开发领域仍然在广泛使用，准入门槛相对较高。另外，作为线性交互语言——语音（图4-2），随着近年语音识别率的不断提升，利用语音提供的服务同样发展迅猛，例如Google Home、Amazon Echo、米家小爱同学、京东叮咚为代表的智能音箱终端；Siri、Cortana、Bixby为代表的智能语音助理；讯飞、Siri听写为代表的语音输入法，都是通过语音AI神经网络提供服务，成为

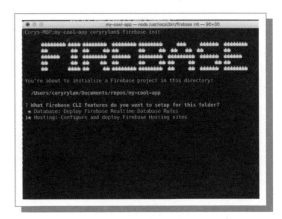

图4-1　谷歌Firebase

图4-2　苹果Siri语音助理

图4-3　微软流畅设计

构建智能家居的核心交互终端。

② 二维的交互方式是大众所熟悉的传统图形用户界面，也称为GUI图形用户界面（图4-3）。图形用户界面是一种桌面比拟的数字化表现界面，由视窗、图标、菜单和指针组成，比命令行界面操作更简易、比语音交互界面更直观。用户通过视窗中的组成部件，即可完成交互操作，达成期望。在现在已经成熟的新媒体、新技术的驱动下，以智能手机、平板电脑为代表的触摸输入体验的大幅提升，加强了用户的交互参与度。由于目前设备终端极其丰富，对响应式布局的需求也水涨船高，这个概念就是为了解决移动互联网下的浏览而诞生的，在这个布局下不需要对每个终端重新做一个版本即可对界面进行自排布。

③ 作为交互设计师下一代交互语言——3D用户界面即虚拟现实、增强现实、混合现实技术中用户所见到的交互界面（图4-4）。后GUI图形界面必然需要经过创新交互设计才能让用户更自然的操作和运行这个平台，如果只是直接把二维界面投射到空间范围中，那就失去了三维界面的核心交互意义。更重要的是，3D体验过程中人们最关注眼镜设备是否舒适、显示效果是否高清，但体验手柄往往被忽略，但其作为用户与虚拟世界最直接的连接点，是复杂交互过程中的唯一交互工具，重要性不言而喻。

图4-4　澳大利亚空军AR项目

实体产品即用户可以使用各种感觉器官直接感受的产品，例如豆浆机、音响等狭义上的"产品"。早期的交互设计思维广泛应用在虚拟产品领域（尤其是web设计）中，用于提升软件的操作效率和易用性。但近年随着消费升级，设计师们发现交互设计思维在实体产品设计领域中同样好用。

图4-5　磁保健电暖宝

由于数码创新产品具有极强的科技属性，故在产品交互设计的过程中总是更容易突破。所以在本次案例分析中将介绍在传统产品设计中交互思维的运用方法。

在使用产品思维下，暖手宝内部由中心柱状固体电热饼和四周填充的保温棉构成，由于暖手宝抗硬物撞击能力差，金属圆形结构既利于分散冲击力，也利于人手把握。所以暖手宝被设计为扁圆形的外形，外壳使用安全金属材料以防火、阻燃。再加入一个可以调节温度的旋钮、插座等实体操作界面，这样就呈现了大部分暖手宝的产品形态（图4-5）。为了美观，一些经销商开发了各样布套配套产品。

在使用交互设计思维下，在传统产品消费升级的时候，设计师经常会通过交互思维、体验思维来重塑产品。产品升级的时候，产品功能、产品安全应已是最基本的设计目标，在交互设计思维下，设计师需要关注产品、人、环境三元素之间相互交互的过程。

"目标受众是谁？他们的生活习性有什么特点？""用户如何使用暖手宝？在什么情景下使用暖手宝？""产品在使用过程中是否提供反馈？何种反馈？"设计师在设计过程中提出一系列待解决的问题，并要通过设计研究来亲自找到问题的答案。首先，需要研究受众群体的生活习性和性格"痒点"；其次，找到"动物治愈"的洞察后需要用观察法研究用户与宠物之间的互动行为和互动关系；最后，治愈系潮人的暖手宝产品形态与研究得到的用户心理和用户行为进行关联风暴（例如一只手承托、一只手覆盖的动作其实可以与抱着动物的动作发生关联；温度元素可以与体温元素发生关联；温暖触感可以与毛发材质发生关联等）。经过三元素之间的头脑风暴，可能产生这样的一个暖手宝：拥有毛绒材质外罩、宠物的体温、猫或狗的晃动地尾巴形态的面向年轻人的暖手宝，具备了更丰富的交互细节和情感元素。日本Yukai Engineering公司旗下Qoobo猫尾巴机器人产品会自动弯曲与摇摆尾巴（图4-6）。设计目标主要为解决由于动物过敏、环境限制等不适宜养宠物的体验问题，已在2018年3月进入量产阶段。

此案例中可以看出，交互设计是设计师所探讨的问题。设计师在"理清目的""规划任务""设定行为"的设计流程中，更多地去关注人、物体、环境之间的交互关系，即"人与人""人与物""人与环境""物与环境"等之间的

图4-6　Qoobo猫尾巴机器人

互动方式和互动行为。

二、服务设计

1.什么是服务设计

服务设计（Service Design）更强调企业内部的服务构架和服务模式。随着以服务经济为基础的体验经济的到来，人们的消费预期和满意阈值不断提高。服务设计是通过计划、组织"结构性要素"和"管理要素"提升企业的服务质量、改善与用户的交互流程、创造愉悦的交互体验，以此可以更高效地为企业创造经济价值。

2.用户旅程地图

简单来说，服务设计要构建用户旅程地图（Customer Journey Map）、设计与优化用户与企业之间所有可能的接触点（Touchpoint），通过优化接触点来完善整个服务链（见图4-7），扫描二维码下载pdf查看完整案例。而优化接触点的方式就可能涉及各个设计领域，例如环境设计、产品设计、交互设计、视觉设计、行为设计，等等。这也造成了服务设计与具体的设计学科不同，环境设计的产出物是空间的规划、材质的选择等；产品设计的产出物是具体的产品，但服务设计没有固定产出物。通过服务设计，产出物可以是一套服务人员的服务流程，是对人的行为进行设计和规范。每个接触点拥有各自的产出物也是有可能的，例如用户到达零售店的方式、零售店的环境设计、销售人员的行为设计、会员体系的软件服务交互设计，等等，成为一系列产出物。所以在思考服务设计时，不要聚焦在"到底什么是合适的产出物"，只要解决好每个接触点，产出物的形式会自然呈现在你面前。

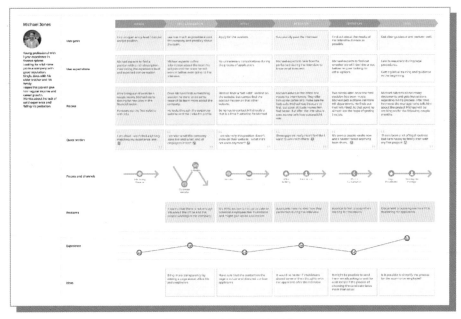

1.用户旅程
地图案例

图4-7　用户旅程地图案例

3.结构性要素与管理要素

刚才提到的"结构性要素"和"管理要素"是服务设计中可参考的设计要素，需要根据具体情况选择性地使用，并非用遍所有要素。结构性要素包括"服务传递过程"（后台与前台的连接、服务流程、服务自动化与标准化、顾客参与）、"设施设计"（大小、艺术性、布局）、"地点设计"（地点特征、顾客人数、单一或多个地点、竞争特征）、"能力设计"（顾客等待管理、服务者人数、调节一般需求和需求高峰）四个方面，更侧重服务设计中硬件要素的设计。管理要素包括"服务情境"（服务文化、激励、选择和培训员工、对员工的授权）、"服务质量"（评估、监控、期望和感知、服务承诺）、"能力和需求管理"（需求/产能计划、调整需求和控制供应战略、顾客等待的管理）、"信息设计"（竞争性资源、数据收集）四个方面，更侧重服务设计中软件要素的设计。整体关系如图4-8所示。

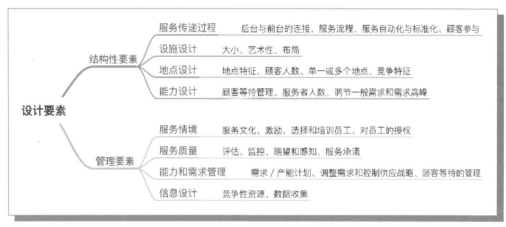

图4-8　结构性要素与管理要素的关系

结合结构性要素和管理要素的综合考虑，需要设计师设定如何将服务从企业的后台传递至前台并提供给顾客。更具体点，在传递过程中会涉及如技术支持、设备设施、空间环境等硬件要素的设计，和诸如服务流程、服务人员培训管理、服务人员调配等软件要素的设计。在软硬件要素设计的过程中，应遵循服务设计思维的五个原则：以用户为中心、共创、有序性、产出物、整体性服务。

服务设计接触点的思考过程不应该是逐个、孤立地思考讨论，而是应该以用户为中心，使用非线性旅程地图的方式规划整个服务流程。设计流程的问题后文会详细介绍，为了更直观的感受服务设计是什么，接下来举一个"小罐茶"服务设计的案例。

首先简要介绍下这个企业。北京小罐茶业有限公司创立于2014年，是一家在互联网思维、体验经济下应运而生的现代茶商。其产品小罐茶在研发过程中，把握新零售背景下分众市场和垂直社群趋势，深度挖掘到中高端消费现代人群"佛系生活"的洞察核心，联合六大茶类的八位制茶大师在营销上增强品牌说服力，巧妙的使用"产品经理制"让每位大师管理一种茶叶的制作团队，做了减法推出此现代派中国茶（见图4-9）。由于精准的目标客群定位外加前卫的市场营销策略，小罐茶开创了新零售背景下有别于传统茶叶行业革命性的"体验式消费"。

图4-9 小罐茶广告寻茶之旅篇

全链路服务设计是小罐茶成功创新的核心武器。全链路的服务设计涉及线上线下、多对象、多场景、多接触点，非常适用于小罐茶这样多场景且诉求整体化体验的产品。唐硕为小罐茶企业做的服务设计可归纳为四个方面：营销、环境、产品、服务行为（营销也是对客户的服务）。

用户第一个可能的接触点是营销环节，人很容易由于环境不同而影响决策，在没有环境干预时，消费者倾向于产品本身质量、价格上的对比，但特殊的环境可以让消费者的注意力集中在体验上，用服务和体验左右其决策。所以营销行为直接影响了目标客群的留存率。那么首先就要明确营销对象，也就是小罐茶的产品受众。经过小罐茶充分的市场调研，发现20至35岁的年轻消费群体的消费需求存在缺失点，对大部分年轻消费群体来说，茶叶口味上的挑剔并不是影响他们消费的首要因素，这群有购买力的年轻人群希望有一个符合他们新锐调性的茶品牌，要让人们感觉到喝茶是一件很有品位、很时尚的事情。所以小罐茶充分挖掘了新型消费者市场，从消费者需求角度出发，以高品质产品、极致的用户体验和国际化品牌形象，让消费者感受到小罐茶带给他们的是品位、时尚及尊贵的感觉。如此，才能打破传统，用"现代派中国茶"赢取新市场。

小罐茶拥有明确的营销核心策略：突出大师的制茶技巧和大师故事——以此定下了小罐茶高端、轻奢而走心的调性。营销方案的执行紧扣服务设计中设定的营销策略，包括线下代销点、线上央视视频广告等在内的营销策略和广告执行都十分出彩。

传统的茶商店铺气息凝重保守，为革新国际化品牌形象，小罐茶体验店吸取雪茄文化和酒窖设计灵感，并与苹果Apple Store设计师Tim Kobe联手打造了一座现代"茶库"。从结构性要素上来说，环境设计充分应用了心理学相关内容。每家小罐茶体验店的入口都由透明巨幅玻璃构成，使得空间轻盈通透，让消费者感到产品和交易的透明性、品牌的高端调性。进入门店后低密度的展示设计如同奢侈品陈列效果，多个LED展示屏幕穿插在展柜中，提升了消费者的感官体验。在小罐茶体验店中最核心的交互位置在于店内的茶吧，供人体验品尝小罐茶的茶吧区域设计与传统茶叶店的茶台不同，茶吧既有西方酒吧吧台的年轻自在，又有日本板前料理的严谨细致，采用高脚椅和木质案几让时尚与仪式感完美融合。从管理要素上来说，小罐茶对服务人员有着统一而细致的培训，使得文化气息、服务流程都在服务设计中高度系统化。从迎接礼节、产品介绍，到茶具的使用、冲泡茶的动作等，都有统一规定，以此保证每一间小罐茶体验店的用户体验都是连贯而统一（见图4-10）。

经过服务设计的小罐茶，通过外部空间层次、内部五感维度等多个方面让消费者在体验店内全面感受到人与茶、人与空间的个性化互动，给消费者"茶行业苹果式思维"的心理暗示，颠覆了茶叶店在消费者心中的传统刻板的印象。经过如此全链路服务设计

图4-10　小罐茶体验店

之后，消费者在这样的情境下更愿意为契合自己生活品位、符合自己生活方式的新锐产品买单，并愿意付出更高成本去消费品牌理念。

三、用户体验设计

1.用户体验设计是什么

用户体验设计（User Experience Design or UED/UXD）更多是从用户的角度解读设计。用户沉浸在设计师所设定的有形的产品、服务、空间或无形的交互、服务中，会产生令人难忘的情感表达和情绪记忆，这些情感和体验记忆是被设计师所设计、生产、创造营收的经济物品，而并非只是一种虚无缥缈的感觉。

2.用户体验设计的现状

中国市场发展到现在，越来越成为一个体验为王的市场。如今自媒体时代下，去中心化的特征越来越明显，消费者话语权变强使得产品自传播属性的地位被日益抬升，所以产品是否能够成功，创新性的用户体验变成了一个关键因素。时间倒退二十年的话，也许用户完成购买产品就是商品交易的终点，但在今天，企业与用户的关系已经发生了巨大的变化。当用户发现产品、使用产品的时候，企业与用户的接触点才真正开始；而愉快的用户体验，才是优秀营销的第一步。所以用户体验也会被看作设计的主观评价标准。

在用户体验设计过程中，我们通过对用户情绪与体验的设计来影响用户。所以说用户体验设计就是在设计用户的体验维度，让我们的产品给用户带去差异化的情感体验。接下来本书将从各个角度为大家详细介绍用户体验这件事。

第二节　用户体验发展概述

一、人类历史与用户体验

说起用户体验，大家总认为它是现代化设计进程中的产物，更狭义地来说，有人误认为用户体验只是互联网界面设计的相关设计方法。经过前文的阅读，大家应该已经了解到用户体验领域早已由web设计拓展到了设计的方方面面。其实这个概念从人类诞生就成为人类潜意识的一部分。即使是远古石器时代，猿人已经有潜意识去判断什么是用户友好型的狩猎工具，并打磨了手斧、锋利石片等工具，让他们的生活更轻松，极大地提高了劳动效率。所以就广义的用户体验来说，人们在发明创造的时候，多少有一些用户体验思维在潜意识中用来提升生产效率，但用户体验理论的提出才极大地促进了用户体验领域的发展。

二、用户体验成型前的近代发展

回到近代，在用户体验设计成型之前，已经有许多的设计师在为用户体验而努力。作为人机工程学的奠基者和创始人，美国工业设计师亨利·德雷夫斯（Henry Dreyfuss，1903-1972）虽然没有提出"用户体验"的概念，但他为人机工程学领域做了最重要的开拓性的工作。他在1937年至1964年间与贝尔公司合作设计的系列电话是应用人机工程学的经典设计。早期的烛台式固定电话，听筒与话筒分离，需用一手拿话筒、一手拿听筒操作才能打电话，存在机身容易倾倒、听筒容易从挂钩处脱落等问题，用户体验非常不好。亨利的固定电话设计成果体现在贝尔302、500系列电话设计中，如图4-11。贝尔系列电话不仅在技术上结合了当时最先进的通信技术，在工业设计上成为现代固定电话设计的参考范本。电话的听筒和话筒结合成一体，置于手柄上，手柄的水平支架、拨号盘、及其他结构被集成在一个稳定厚重的底座上——是不是很熟悉？贝尔500的设计通过双面注塑工艺将字符塑造成塑料，改善了302装备了珐琅涂层的表盘磨损这个问题。数字和字母被移动到表盘的周围，让人在波动表盘的时候也可以清楚地看到它们。大量测试证明亨利的设计有效减少了拨号错误的发生率。

1959年，他发表的《人的测量》一书，第一次从工业设计实体产品的角度来对人体尺寸进行研究，科学的考虑了人们的舒适性和工作效率。亨利认为，当工业产品和用户之间的接触点产生摩擦与阻力，那么这个工业设计就是失败的。一个合格的工业设计师应在设计过程中考虑如何让用户体验到高度舒适的功能，理想的产品应该让人们感觉安全、舒适、高效，并乐于购买，甚至只是让人单纯地更加快乐，这也就是我们现在所熟悉的情感化设计了。

图4-11 烛台式固定电话（上）、
贝尔500系列电话（下）

三、唐纳德·A.诺曼与用户体验

用户体验、情感化设计最早都是由唐纳德·A.诺曼在1993年提出，他认为人机界面和可用性的研究范围较窄，用户体验应涵盖设计系统的所有方面——包括工业设计、视觉设计、界面设计、物理和行为交互。身为电气工程师和认知科学家的诺曼加盟苹果公司之后，帮助苹果公司对先进技术和核心产品线进行研究设计。而他的职位则被命名为"用户体验架构师"（User Experience Architect），这也是首个用户体验职位。诺曼在《设计心理学》（The Design of Everyday Things）中使用"以用户为中心的设计（UCD）"这个术语来描述基于用户需求的设计，而非以美学为中心的设计。以用户为中心的设计方法包括"隐喻法""简化任务结构""可视性""正确的匹配关系""利用限制性因素""考虑人为差错""标准化"七个原则。同时始终在向人们传递这样的设计理念：设计一个有效的界面（实体界面或虚拟界面），不论是计算机图形界面还是简单的门把手，都必须始于分析用户想要做什么（用户的潜在动机），而不是一开始就思考屏幕应该显示什么内容——这就是现在设计师常常忽略的设计研究部分。

中国移动应用市场竞争激烈，但在同品类下仍然可以挖掘不同的用户需求进行市场细分。例如两个同样以用户为中心的阅读类应用微信读书、网易蜗牛读书，便有截然不同的用户留存方法。微信读书背靠微信大山，而微信贡献了腾讯体系产品一半以上的流量。所以微信读书的优势在于丰富的腾讯社交关系网，也由此挖掘了用户"炫耀""社交"和"认同感"的心理需求。网易蜗牛读书则是从用户的角度挖掘阅读痛点：用户时间碎片化，以此痛点提出产品核心定位：每天免费阅读1小时，用有限时光收获无限价值。产品对比如表4-1。

表4-1　微信读书与网易蜗牛读书 SWOT 分析对比

产品名称	产品定位	优势 S、机会 O	劣势 W、威胁 T
微信读书	建立社交化阅读社区，让阅读不再孤独。通过社交网络分享"哪些书值得看"。	社交体系下潜在用户广泛；更多社交玩法有待开发，加强互动交流，减少排名挫败感。	书籍资源较少，部分书籍缺失书籍配图；传统阅读器资源丰富，市场占有率较高。
网易蜗牛读书	建立工具性阅读书桌，让有限时间的阅读收获价值。通过"领读人"发现优质好书。	网易系产品口碑传播优势、低价的会员体系经济划算；吸纳优质"领读人"进驻社区。	产品初级阶段用户量、资源少，用户迁移难度大；微信读书知名人推荐、听书功能形成竞争。

四、用户体验设计在中国

用户体验设计在中国已经有近20年的发展。但在2005年前中国大部分公司的商业模式仍然陈旧，在工业为第一生产力的时代依靠大量的低成本劳动力去仿制产品，以拖动经济增长，几乎没有创新性、设计性可言。少数工业设计公司在早期将与用户体验相关的工作定义为"用户界面设计"和"产品可用性研究"，并没有参与到商业决策中。

"用户体验"这个词则是在2008年后才被逐渐应用。随着奥运前后宏观政策的刺激和技术的发展，越来越多的产品开始使用显示屏，而且功能也越来越复杂，催生了一大批

图4-12 早期界面设计风格

早期的界面设计师。早期界面设计（图4-12），易用性、用户体验较差，但对当时的用户来说新鲜度较高，用户对设计的满意阈值也相对较低，比较容易满足。

近年中国市场发展迅猛，商业决策者意识到用户体验并不只是用于美化界面。消费者对产品的要求和评价标准日益走高，国家质量监督法规日益健全，产品质量早已是准入门槛。在近3到5年来说，产品的差异化竞争已经迅速通过用户体验来拉开距离，如网易云音乐、TIM、轻芒杂志、锤子手机等产品。在2016至2018年互联网市场激烈竞争下，甚至有声音指出"交互设计已死"。其实并不是交互设计和用户体验设计已经不再被需要了，而是变得越来越重要。物联网和云计算时代带来新的数量级变化，百亿物联网设备将带来巨大的创新、交互、商业机会。所以优秀的交互设计已经成为产品进入大众视野的基本门槛，进入门槛后才开始优中选优，并通过垂直细分市场的策略最大化的获取企业利润。

智能家居的起源甚早，比较著名的是1997年比尔·盖茨为自己打造的智能豪宅，但高度定制化的软硬件不具备量产规模。由于基础通信技术、控制系统的升级、计算机技术的提升，20世纪80年代后，应用了电子技术的家居设备终端逐步进入家庭中，在传统家电的基础上加入了手机APP远程控制的功能。2014年作为智慧家庭元年，众多行业领先的科技公司开始搭建家居平台，具有历史性的转折意义。苹果发布HomeKit智能家居平台、谷歌收购智能家居设备制造商Nest、小米开始投资第一家小米生态链公司，负责小米智能硬件投资、孵化、生产的全产业链。

小米在2014年意识到自己没有精力开发整个小米生态链，于是在三年之间投资了100家生态链公司，每家公司负责研发一个领域的产品。2017年也是小米生态链产品爆发的一年，小米扫地机器人、小米空气净化器、米家电水壶等。米家未来三到五年计划打造全屋智能，更精准的计算用户的作息时间，通过人工智能、大量传感器获取大量数据计算用户的活动，给用户更好的体验（图4-13）。

目前在业界已经有众多专注于用户体验的公司和部

图4-13 小米生态链

门，如唐硕体验创新咨询、faceui体验创新咨询、ARK Design、阿里巴巴UED、阿里妈妈MUX、腾讯ISUX/CDC/WSD、百度UXC、网易UEDC、洛可可UED、UXPA、IXDC等用户体验团队与组织。学界也在积极跟进用户体验相关领域的设计学科，如清华大学、同济大学、江南大学、湖南大学、浙江大学、北京师范大学等高校都有交互设计与用户体验设计的相关研究方向。

五、用户体验设计的未来

变革不易，用户体验设计的未来在商业方面、研究方面、执行方面都面临着各方挑战，需要企业与高校、组织共同推进。以下七点希望投砾引珠，能引发大家更多思考。

① 利益相关者知情逐步转变为利益相关者共创。设计师应积极地挖掘设计需求，在敏捷设计流程下以用户为中心的视角与各部门有效沟通，引导产品和服务体系，找到商业获利与用户体验的最佳平衡。

② 用户体验将在商业决策中发挥越来越重要的作用。当公司了解用户体验设计对业务的影响时，设计师就会更多地参与到产品战略和决策过程中，对产品和业务产生更大的影响。

③ 将消费升级的挑战化为提升用户体验的动力。这不仅需要表现层的视觉升级，还需要优化供应链、提升服务设计。全链路跨界混合产生的吸引力让用户产生炫耀心理，正是体验设计师发挥设计力量的时刻。

④ 将自然交互、无意识认知理论运用到设计当中。随着企业实践经验与高校理论研究的结合，哲学、心理学等交叉学科的内容将被运用到原本"感性"的用户体验研究中，从而科学的量化用户体验。

⑤ 谨慎引入全新交互模式。目前谷歌、苹果、微软等都发布了各自成熟的交互设计指导文件，为了形式而创造的新交互模式容易带来可用性的问题。所以设计师应当将更多地将精力集中在挖掘用户痛点、解决真正问题上。

⑥ 更多微交互被应用在情感化设计中。由于硬件处理能力的提升，适当的微交互被运用到表现层中可以在无意识中提升用户的功能认知。这种反思层面的情感反馈也可以成为用户记忆的楔子，加强用户参与度与愉悦感、提升用户体验。

⑦ 将第四维度加入设计中。点、线面、空间已经被设计师运用在各个领域的设计活动中，第四维度即时间的加入可以让设计更加人性化。与同时呈现多种决策节点相比，以时间线设计的分布式任务可有效减轻用户对任务的认知负担，用户的认知流程会更加明晰。时间元素可以为平面设计、空间设计、产品设计加入更丰富的成长元素、情感元素。

第三节　以用户为中心的一般设计流程

一、以用户为中心的设计概念

1.什么是以用户为中心的设计

以用户为中心的设计（User-centered design）是一种将用户列为各设计阶段考虑因

素的设计思维与流程框架。要求设计师不仅要研究和分析受众的生活方式，也需要在原型迭代、后期制作的过程中做试验验证受众的认知模型，确保非受众的设计师能够以同理理解受众需求。但以用户为中心的设计并不等同于"用户满意的设计"，因为产品永远无法满足所有类型的用户，所以"以用户为中心"的设计流程应围绕目标受众展开。

2. 目标受众

开展项目前，设计师应当考虑这个产品、招贴、空间的目标受众是谁。在以用户为中心的理念下，设计过程需要围绕用户需求来优化设计，而不是技术指导下强迫用户改变其行为以适应设计。与传统广泛性产品不同，目前市场上突围的新锐产品都拥有十分精准的目标受众群体。

淘宝、京东等头部电商的地位虽然不可替代，但众多垂直领域的电商已经从精准的目标受众中细分了电商市场。网易严选、唯品会、小米商城的目标受众对比（见表4-2）。

表4-2 网易严选、唯品会、小米商城的目标受众对比

名称	电商定位	目标受众	受众特点
网易严选	好的生活没那么贵	追求小资生活的新兴中产阶级	追求性价比又不失品味，拥抱极简主义生活方式的"生活家"。
唯品会	全球精选正品特卖	爱美爱精品的独立新白领女性	"她经济"下追求小而美的年轻时尚女性，希望享受高性价比的全球品牌，拒绝复杂漫长的海淘过程。
小米商城	让每个人都能享受科技的乐趣	热爱小米文化的忠实"米粉"	热衷于参与线上线下各类米粉活动，是小米商城用户的中流砥柱。
		喜欢前沿科技产品的发烧友	对使用的产品要求高颜值、高科技、好体验，产品探索能力极强。受小米智能家居联动控制的影响会单次购买转化为连续购买米家智能设备。

3. 以用户为中心的目的

以用户为中心的设计过程可以帮助设计师为其受众设计符合受众预期甚至超预期的高可用性产品。通过围绕用户来组织任务流程、管理技术方法，以提升用户体验。

但这并不意味着设计师可以完全听从用户的反馈来推进项目。用户往往各抒己见，设计师得到的反馈通常是浅层的，不具有普遍意义。首先，采集足够多的受众反馈，达到一定数量后便可以将需求量化，统计出受众需求模型，并在整个设计迭代周期中不断更新此模型。其次，根据收集到的表层需求，设计师可以组织对用户代表的深度访谈，通过阶段性的倒推思考，帮助用户找到表层需求下的真实需求。

4. 以用户为中心的设计评价

"用户体验"从字面理解是用户与产品交互过程中产生的情感记忆。为了对设计进行评估，一定程度上可以将体验的评价量化。以用户为中心的设计可以从国际标准和体验

维度进行评估。

（1）国际标准 ISO 13407

以人为中心的交互式系统设计过程拥有国际标准 ISO 13407，这项标准包含在交互式计算机产品生命周期中，以用户为中心的四项基本原则和四项关键活动。重点强调了项目的需求和洞察需要通过心理学和用户体验设计通行的调查方法，采集真实信息并细化分析。调查手段包括深度访谈、焦点小组、民族志研究、田野调查、原型测试、可用性测试、净推荐值测试、用户满意度测试等方法。

以用户为中心的四项基本原则。

　　a.用户或利益相关者的积极参与。

　　b.用户技能适当、正确的分配。

　　c.合理安排时间的迭代设计计划。

　　d.设计团队话语权合理的多学科协同设计。

以用户为中心的四项关键活动。

　　a.理解并详尽描述用户使用环境，避免假想。

　　b.详尽描述各种不同观点的用户需求和社会文化要求。

　　c.提出可激励创造力的多元化设计解决方案。

　　d.根据设计要求执行真实的用户测试以评估设计。

（2）体验维度的三个层次

体验维度的三个层次分别为可用、易用和超预期。

任何一个上线的产品都应该满足"用户可以正常使用"的最基本需求。例如电商平台可以完成寻找商品和购买商品的操作；资讯平台可以完成阅读的操作；闹钟工具可以完成基础提醒服务等。如果可用性极差，再完美的视觉呈现也是无用的，所以可用性是产品迭代的基本前提。

满足可用性的基础上，随着产品迭代应达到"用户感到容易使用"的标准。例如电商平台满足购买的基础需求后，可以优化商品推荐系统、客户服务系统、评论分享系统等。优化用户路径和信息架构，让已有的基础服务更加明晰易用，减轻用户的认知负担。

在产品足够简洁易用的基础上，可以通过丰富产品的情感元素等，做出"超过用户预期"的产品。情感化体验使产品价值提升的案例如下。

妈妈钱包 APP 由洛可可设计，公司从用户体验、商业逻辑、产品策略、项目执行等流程推动产品上线。妈妈资本管理互联网金融服务平台希望在竞争激烈、日益成熟的互联网金融行业垂直分流。妈妈钱包希望为妈妈核心用户打造简单、好玩、超预期的金融产品，如图 4-14。

图4-14　妈妈钱包和引导页设计

在设计调研阶段，通过焦点小组快速排查产品重点问题并锁定产品目标人群；组织年轻妈妈翻包行动，收集钱包中情感小物背后的故事，用于提取情感元素与故事。

在设计策略阶段，定义"功能赋情"：妈妈帮孩子保管红包、妈妈念叨孩子不要乱花零花钱、孩子有了理财能力、反哺妈妈贴补家用。情境与产品的功能一一对应，共同讲述妈妈钱包的产品故事。

在架构和交互阶段，核心解决引导页如何代入情感、注册后如何吸引用户绑卡充值、如何加强除投资行为外的用户黏性等问题，逐个解决，使交互更流畅，体验更优质。

在视觉设计阶段，来源于妈妈碎碎念和小暴躁的小恐龙IP形象，结合鲜明亲和的场景更好地传达了针对女性产品的温情情感，加粗的线条，让视觉拥有更柔软的呈现。

二、用户体验要素

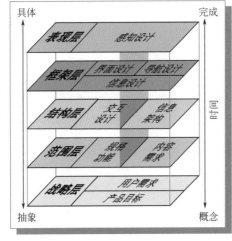

2.用户体验要素

图4-15　用户体验要素

现在设计师可以从各种途径找到用户体验与心理学相关的开发技巧，但所有工具性知识若没有穿在线上，就如同散落的珠子无法制成精美的首饰。用户体验要素作为以用户为中心的经典设计框架，由杰西·詹姆士·贾瑞特（Jesse James Garrett）在2000年提出，并在2002年出版图书《用户体验要素》（The Elements of User Experience）。虽然用户体验要素理论框架已经诞生了近二十年，但五个要素对于现在的产品开发仍有纲领性的指导意义。用户体验要素将开发流程归纳为战略层、范围层、结构层、框架层、表现层五

个层次（图4-15），只有在这个基础架构上才能恰当的讨论用户体验、选择合适的工具解决问题，并由抽象到具体地一步步接近设计目标。

1.战略层

战略层是最底层，关注来源于外部的用户需求与来源于内部的产品目标。

充分调研、制定企业与用户双方对产品的期许和目标，有助于用户体验各方面战略的制定。此战略对上方的每一层都产生指导性意义，所以要创建友好型用户体验，其基础便是明确的战略目标。也就是在"体验友好"与"商业盈利"之间解决矛盾冲突、寻求平衡战略。这种最底层的冲突没法通过产品设计解决，而要靠商业上找准价值的切入点。

微信战略层简析如下。

（1）用户需求

即时通讯、熟人社交是用户的核心需求。用户在短信时代期待性价比更高、媒体更丰富的通讯手段，同时希望能有一个类似QQ空间但更能保护隐私的平台进行熟人社交。随着平台与用户的成熟，用户也期待更多玩法和生活服务结合在微信中。

（2）产品目标

利用社交连接一切、构建一种生活方式是微信的核心产品目标。微信平台在保证友好简洁的前提下，整合利用腾讯已有的资源；包容地连接人与人、人与信息、人与环境。

2.范围层

范围层所关注的是功能产品的功能规格或信息产品的内容需求。

范围层所定义的产品特性、功能需求等应当来源于战略层中的用户需求与产品目标。用户需求的细化可以通过各种市场调查、用户研究的设计研究方法收集，提炼转化为产品特性、产品功能、需求优先级等信息，以便评估项目的开发周期。

微信范围层简析如下。

微信作为IM工具类产品，社交功能是微信平台核心功能需求，也是维持用户活跃度的关键。社交特性体现在聊天、群聊、通讯录、朋友圈、摇一摇、附近的人等基础功能，并在迭代中不断丰富IM工具的属性（例如重新编辑撤回信息、可拖动进度条的语音信息、一键切换账号、表情商店、共享实时位置等）的过程中，倚靠受众黏度逐步拓展生活开放平台属性（例如小程序、生活缴费、城市服务、服务号、订阅号等），是"连接一切"的"生活方式"的具体表现。

3.结构层

结构层所关注的是交互设计与信息架构。在项目的战略层与范围层相对明确后，结构层需将决策与范围的抽象问题转化为影响用户体验的具体因素，进一步明确功能与内容的展示模式和顺序。

交互设计的目的是规范产品与用户的交互过程，包括用户对产品的互动、产品对互动的响应、产品功能的逻辑组织等。优秀的交互设计可以有效提高交互效率，并使用户更轻松地完成任务目标。信息架构主要关注于信息元素的组织结构与逻辑顺序，优秀信息架构的组织依赖于设计师对用户需求与企业目标的有效理解，降低用户对信息的认知难度。

微信结构层简析如下。

微信主要由"微信""通讯录""发现""我"四个第一层级外加"搜索"和"更多功能"构成，如图4-16。首先，一级界面之间可以通过点按或横向滑动快速切换，保证用户各场景使用需求。其次，"微信""通讯录"是针对信息与人的分组，以便于用户及时查看信息，是IM工具的核心功能。"发现""我"是用户对外界的社交探索和对内的私人管理，体现了连接一切的战略需求。最后，为了使庞大的功能体系仍保持视觉简介，微信将低频操作隐藏于深层结构中，使核心操作更加清晰明确、不被干扰。

4.框架层

框架所关注的是信息设计、功能产品的界面设计、信息产品的导航设计。

从框架层开始产出用户可见的设计内容，包括页面的结构和布局、产品的按钮布局和交互行为等。框架层所设计的实体或虚拟交互界面，由结构层组织构成了实体或虚拟交互系统。

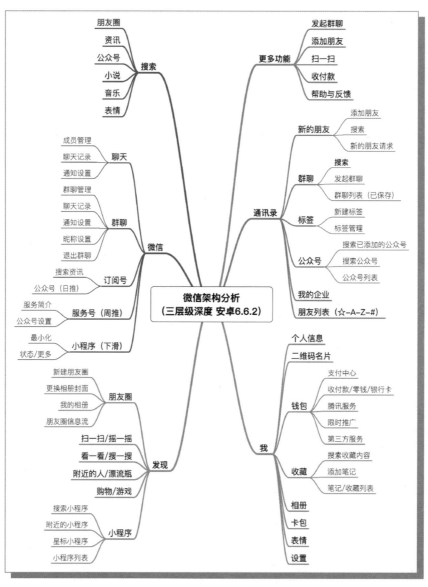

图4-16　微信架构分析

　　在好的界面或导航设计中，功能元素总是能高效、清晰、适时地出现在用户需要的位置，这就需要各类原型测试方法辅助设计师决策，如眼动仪、A/B测试、遍历测试等。界面元素的优先级排布要符合用户的使用习惯，用户最需要的功能应考虑排在优先级高的位置，不可完全按照信息组织的逻辑设计界面。信息导航的跳转规则需符合用户的逻辑模型，让用户轻易在信息流中穿梭。

　　微信框架层简析：微信的界面通过适当的设计手段，有效地凸显了对于用户来说有价值的信息。两个超级按钮常驻于一级界面的顶部，相当于"友好导航（Courtesy navigation）"，能便捷地让用户在不同层级功能间穿梭的同时不影响当前操作任务。其次，微信对功能采用模块分组的设计，不仅对同属性的功能按照用户的操作习惯进行归类设计，还可以在设置中隐藏不常用的功能。

5.表现层

表现层所关注的是感知设计，是功能和内容的五感呈现。

在这个阶段，设计师将把所有的信息、功能汇集到一起，进行视觉设计和内容优化，得到满足其他层面的所有需求和目标的设计。受众所看到的平面招贴、进入的商业空间、把玩的工业产品、滑动的应用界面等，所有用户直接接触的界面都依靠表现层构建。所以在表现层的设计过程中，应充分运用格式塔心理学的基础知识，通过点线面的构成、元素的形状与大小、文字的字体和字号、颜色的倾向和深浅等因素来设计用户对产品的感知。

优秀的框架层和表现层设计通常体现在以下几个方面：首先，由于清晰的视觉层级和元素关系，用户在探索产品时能拥有流畅的视觉路径和行为路径；其次，由于隐喻或进度引导，用户总能清楚地知道自己在任务流中所处的位置；最后，由于所有的视觉元素的选择都是按照战略和需求科学选取的，所以能够有效地执行和传达战略层的相关目标。

6.用户体验五要素的综合运用

随着五层要素逐步推进，决策将越来越具体，项目将越来越明晰。每一层都依赖于上方每一层的决策，当在某层中作出决策时，这个决策一定会影响随后层面的选择。不过不必紧张，层与层之间的界限相对模糊，彼此相互影响且随着时间推移不断迭代更新。

总结，这五个要素是如何协同工作的：项目应最先从"战略"开始，因为"战略"是任何成功用户体验的基础。当用户需求和产品目标转化为内容需求和规格功能时，我们就从战略层来到了范围层。然后，结构层从范围层而来——从需求和功能定义系统响应方式以及信息组织方式。接下来，为了结构层中交互设计和信息架构的视觉呈现，绘制线框图、原型图是在框架层中完成。最后，所有的工作和决策都被汇聚到了表现层中，做最终的视觉处理。

三、瀑布模型与敏捷开发

1.瀑布模型

（1）瀑布模型的提出

瀑布模型（Waterfall model）是在工程设计、软件开发等领域的一种相对顺序的线性开发方法。温斯顿·W.罗伊斯（Winston W.Royce）在1970年首次描述了这种线性的开发方法，但"瀑布"式的开发名称是由比尔（T.E.Bell）和塞耶（T.A.Thayer）在1976年论文中首次运用的。

（2）瀑布模型的设计流程

在瀑布模型下，任务计划如同瀑布一般线性流动，只有在前一阶段完成审查和验证时，才能进入下一阶段。如果下一阶段的工作人员发现问题后，项目会返回到前一个阶段中重新开始。在罗伊斯最初的瀑布模型中，依次遵循以下几个阶段。

　　a.需求：在产品需求文档中记录。

　　b.分析：得出解决模型、纲领或商务策略。

　　c.设计：得出软件信息架构。

　　d.编码：软件的开发、验证和整合。

　　e.测试：系统性的发现和调试bug。

　　f.运行：完整系统的安装、迁移、支持和维护。

虽然瀑布模型是针对软件开发而提出的，但对设计项目来说同样适用。尤其适合需求明确、任务流简单的小型项目。

（3）瀑布模型的局限

在设计开发中，由于互联网产品迭代速度的加快，瀑布模型往往在大型项目的迭代过程中不够灵活。因为在分析、构建、测试等开发阶段中，开发阶段的严格分级导致团队之间互相隔离，无法协同合作。上有团队提出的需求和目标一旦在后期有所改动，下游团队难以调整，作出调整的代价也十分高昂。所以瀑布模型的开发方法适合需求明确、任务流简单的小型项目，不适合需求不明或需求随时变化的项目。

2.敏捷开发简介

（1）敏捷开发的提出

迭代开发和增量开发方法早在1957年就已经提出，但"敏捷开发宣言"是在2001年由17位软件开发人员根据众多轻量级开发方法提出的。

（2）为什么需要敏捷开发

敏捷开发最大的优势是极大地提高效率，而对企业来说，开发效率在一定程度上影响了企业的市场竞争力。首先，敏捷开发是一种以团队为核心的渐进开发方法。在这种方法下，跨职能的团队成员与其客户之间紧密协作、频繁交付。其次，敏捷团队拥有更强的项目进化能力，并能在最低成本下对需求变更做出快速而灵活的响应。所以在小型团队驱动需求不明确的大型项目过程中，敏捷开发相对瀑布模型就能发挥更大价值。

（3）敏捷宣言和敏捷原则

　　a.四条敏捷宣言

● 个体和互动高于流程和工具。

快接沟通是敏捷开发的基本条件。建立一个小规模、跨职能、能良好地沟通协作的开发团队，每个成员都能够积极地参与到进度规划和寻找解决方案的进程中，而不是一个孤立运行的专家团队。

● 可运行的产品高于详尽的文档。

在敏捷工作中应当以开发产品为先。所以能够正常工作的产品比耗费大量精力却会迅速过时的繁重文档更有用。和客户可以通过频繁交付产品进行评估和沟通，在团队内部可以通过定期进行的站会（Daily meeting / Scrum）将工作聚焦在核心且最有价值的工作上。

● 客户合作高于合同谈判。

敏捷开发的高度适应性在于与客户的紧密合作。有些"从无到有"的设计项目在前期阶段客户需求不明确，所以敏捷开发提倡客户和团队协同工作，以便通过频繁交付小型设计及时收集客户反馈。因为商业合作的最终目标是尽快提供给客户满意的设计，所以在反馈的基础上逐步调整设计需求和目标比盲目谈判更有效。

● 响应变化高于遵循计划。

敏捷开发的核心在于不断规划、测试和调整。与传统开发中长时间的复杂计划相比，敏捷开发的短周期计划建立在"规划—执行—调整—规划—执行—调整"的方法上，控制风险、摸索需求、响应变化，以不断地接近设计目标。

b. 十二项敏捷原则

● 客户满意度来源于尽早且持续交付的有价值的产品。

● 即使在开发后期也同样拥抱需求的变化。

● 经常交付可以运行的软件（几星期而不是几个月）。

● 业务人员和开发者应该在整个项目过程中始终朝夕在一起工作。

● 项目活动应该围绕积极成员开展，他们值得被信任。

● 面对面交谈是最有效率的沟通方式（在同一地点工作的团队）。

● 可以运行的产品是进度的主要度量标准。

● 持续性开发有助于维持不变的开发节奏。

● 对卓越技术与良好设计的不断追求将有助于提高敏捷性。

● 必要的简洁是一门大幅减少未完成工作量的艺术。

● 最好的架构、需求和设计都源自良好自我组织的团队。

● 团队要定期总结如何更有效率并作出相应调整。

四、设计流程

1. 规范设计流程的重要性

在设计领域和开发领域，由于设计师与工程师思维方式的不同，他们总可以用不同的思维方式去解决同一个问题。所以当用研人员、架构师、交互设计师、视觉设计师、插画设计师、前端开发、运维工程师等跨学科背景的人在一起协作的时候，如果没有能把控开发节奏并合理调动成员积极性的产品经理或其他管理人员，那就很难按照既定的目标、规定的时间完成项目。其次，由于团队背景、项目背景的不同，每个项目的设计流程和规划都拥有异质性。在这里引入的双钻石模型可以适应大部分的创意项目，并且根据项目情况，可以灵活地将瀑布模型、敏捷开发、用户体验要素等其他设计理念运用在双钻石模型中。

2. 双钻石模型的提出

双钻石模型（Double Diamond）由英国设计委员会（British Design Council）于2005年开发的设计过程模型的名称。英国设计委员会成立于1944年，旨在证明战后英国的工业设计价值，被公认为是战略设计的主要权威，是英国政府的设计顾问。

英国设计委员会所提出的双钻石模型中，设计过程分为四个阶段：发现问题、定义需求、构思方案、交付设计。其中发现问题和构思方案是思维发散的过程，需要团队迸发出尽可能多的想法；定义需求、交付设计是总结收敛的过程，需要从上一个阶段的想法中总结细化出最好的解决方案。这一"发散—收敛—发散—收敛"的过程恰好可以用两个钻石形状表示（图4-17）。

3.改进的双钻石设计流程框架与沙漏模型

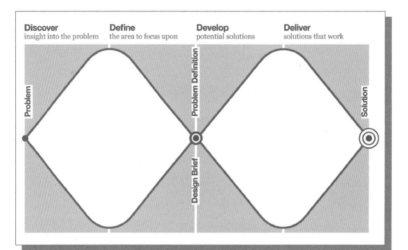

图4-17 英国设计委员会双钻石模型

为了更详细和直观，以下介绍的是由丹·奈斯勒（Dan Nessler）在2018年1月细化的"改进的双钻石设计流程框架（Revamped Double Diamond Design Process Framework）"，如图4-18。

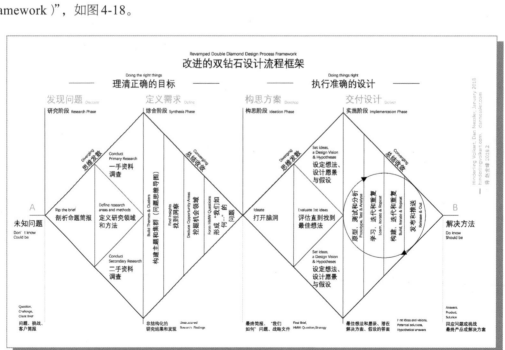

图4-18 改进的双钻石设计流程框架

3.钻石一：体验策略——理清正确的目标（发现问题、定义需求）

前两个阶段——发现问题、定义需求，都是为了找到最佳的"体验策略"，以此指导后续设计工作。需要注意的是，策略需要来源于真实的市场环境和真实的用户需求，才能保证最终的结果被消费者所接受。

（1）发现问题

双钻石模型的第一个阶段是项目的启动阶段。设计团队拿到设计命题、问题挑战后，首先，通过剖析设计命题找到特征，定义此次设计研究的调查领域（例如人物，时间，地点等详细信息）和调查方法。然后，开始执行设计研究，主要可以从第一手资料调查和第二手资料调查着手。

在这个阶段，结果产出是大量的非结构化研究发现和成果。

（2）定义需求

双钻石模型的第二个阶段是定义需求。设计团队在这个阶段需要尝试去理解在发现问题阶段得到的研究发现和成果，例如用户当前最关注、最需要解决的问题是哪些、哪些是可行的。这个阶段的目标是制定一个明确而简洁的战略说明文件，简要阐述本次项目的解决方向和基本框架。为了达成这个目标，改进的双钻石设计流程框架提出需要通过以下四个步骤来总结收敛上一阶段的研究。

    a.构建主题和集群。以主题为核心构建问题思维导图，挖掘集群和主题的关系。

    b.找到洞察。挖掘受众对特定主题的共鸣、痛点、动机、期待等洞察。

    c.挖掘机会领域。通过得到的受众洞察，挖掘到潜在的可行行动领域。

    d.形成"我们应该如何……（How might we… ）"的问题，对机会领域内要做什么、解决什么做出明确的陈述。

在这个阶段，结果产出是最终简报、"我们应该如何……"问题和战略文件。

4.钻石二：体验设计——执行准确的设计（构思方案、交付设计）

后两个阶段——构思方案和交付设计，都是为了按照正确的体验策略，找到有效解决问题的执行方案，并完美落地。需要注意的是，在体验设计的后两个阶段增加的循环结构，是为了增强双钻石模型的敏捷性、项目开发的适应性。

（1）构思方案

双钻石模型的第三个阶段是构思方案——项目发展期。设计团队在这个思维发散的阶段需要设计团队打开脑洞找到尽可能多的解决方案，并通过低保真原型和测试过程，逐个评估直到选出最佳想法和解决方案。

在这个阶段，结果产出是最佳想法、愿景、假设答的案和潜在解决方案。

（2）交付设计

双钻石模型的第四个阶段是项目的执行与交付阶段。设计图案在这个阶段已经得到了推导出的待解决问题和初步方案，开始细化设计方案。这个过程是一个迭代和敏捷的过程，在创建原型、测试分析、学习（指学习后重新思考、重做、重新测试）、迭代之间循环，帮助设计人员改进和完善他们的想法，直到项目可以发布和推送给受众。

在这个阶段，结果产出是回应问题或挑战的最终产品或解决方案。

05

第五章

利用设计心理学提升用户体验

导 读：

前文中已介绍了设计心理学和用户体验的框架。本章将聚焦在设计心理学的应用层面，从项目开发流程的角度，系统介绍设计心理学在设计研究、设计执行两个阶段的应用方法。这样做的目的是利用设计心理学提升用户体验。

本章具体内容包括：设计研究阶段和设计执行阶段的宏观研究方法；定性、定量研究与人体工程学的研究原则；民族志、访谈法、ZMET技术、焦点小组方法的综合运用；二维、三维设计中提升用户体验的要点掌握与运用。

第一节　设计研究阶段

一、设计心理学的研究原则

设计心理学的研究重点不是单纯的心理学基础理论，而侧重于心理学在以用户为中心的设计及相关领域中的运用。研究的目的是为了帮助设计师做出更符合受众预期的设计，使设计成果更好地为人服务。所以，研究者必须同时掌握心理学和设计科学两个领域的知识，才能有效地运用心理学来解决设计中的实际问题。由于这些特殊性，艺术设计心理学的研究方法遵循以下两个原则。

1.定性与定量相结合

定性研究（Qualitative research）是倾向于阐释主义的研究方法，研究结果不经过量化或定量分析，是对研究对象进行"性质"的方面的分析。分析方法主要利用逻辑推理，如可以运用归纳和演绎、分析与综合以及抽象与概括、具体化与系统化等思维方法，对研究过程中获得的各种材料进行思维分析与整合。定性研究有焦点小组、深度访谈、隐喻分析、抽象调查、投射技术、有声思维、人种志调查法、PEST分析等方法，对有效信息进行系统的分析和解释，最终得出用文字语言进行描述的相关结论，以获得洞察点或决策支撑。定性分析采取描述性质的方法去总结观察现象，这种认知方式对设计心理学的研究推导功不可没，但没有具体数据的支撑，缺乏真实性和客观性。

定量研究（Quantitative research）是倾向于实证主义的研究方法，主要借用自然科学的研究方法，是对心理学研究变量间波动趋势的数量变化、数量特征与数量关系的分析。其功能在于揭露和描述研究变量的相互作用和发展趋势。在设计心理学与用户体验工作中，定量分析需要研究者收集精确的市场数据资料、用户满意度值、净推荐值、A/B测试、用户留存率、曝光量、转化率等，依据所收集的统计数据建立数学模型或对比图表，并用数学模型计算或用可视化图表分析对象的各项指标，得出研究性质、设计趋势、用户需求等有效信息。定量分析由可量化的数据入手，帮助设计师将抽象的事物性质规约在了可理解的范围，也就是由定量而定性，做到以"事实说话"。

所以从研究取向上看，设计心理学的研究方法应该是定性研究应与定量研究的结合，根据具体的问题取长补短，相互补充。定性分析是定量分析的研究前提，研究者可以通过定性分析进行研究预判，并据此确定定量分析的研究变量。如果没有定性分析作为预备研究，定量分析的方向、渠道、目标就是模糊而盲目的。反之亦然，定量分析使得定性分析具体化、科学化。定量分析得到的结论可给定性分析提供坚实的数据基础，定量分析也可以反向验证定性分析推出的结论，促使定性分析推出的宽泛而模糊的结论更加科学、准确。所以二者灵活运用才能使研究结果更加真实可靠，为之后的用户研究、产品策略、设计策略做好基础。

2."人—机—环境"的整体考量

为提升用户体验，设计心理学研究过程中应系统性地考察"人—机—环境"所形成的整体情境，着重于研究目标受众、设计产物之间的相互关系以及外界相关因素对于这一组关系的影响。对"人—机—环境"的考量是人体工程学（Ergonomics）的核心要素，成立于瑞士的国际人体工程学协会（International Ergonomics Association）对其的定义是：人体工程学或人因（Human factors）是关于理解人与系统其他要素之间相互作用的科学学科，以及应用理论、原理、数据和方法进行设计以最大化人类幸福、最佳化整体系统性能的专业。

用户体验与设计心理学研究必须重视与真实情境的配合度，有些研究甚至须在真实情境下才能得以进行。例如调查用户使用某一物品的流程以及可能产生的心理现象时，如果条件允许，最好能在真实的场景中进行研究，或者使实验室接近真实的情境。此外，用心理研究中使用焦点小组、访谈、有声思维等方法，其研究成败很大程度上取决于研究者是否能与被试建立友善、良好的沟通氛围，使他们能够畅所欲言。它不同于一般的实验室研究——一般实验室的研究者常常使人产生"控制一切"的错觉。设计艺术心理学中用户测试之类的实验室研究通常处于一种轻松、自由的氛围中，研究者（主持人）扮演一个引导流程的角色，并且整个实验可以根据用户的身心情况随时中断，休息后再继续进行。

二、心理学中提升用户体验的方法概述

在介绍心理学中用于提升用户体验的具体方法前，应对研究方法有一个较为宏观的概念。通行的研究方法可以分为观察法、实验法、心理测量法、投射法、仪器测量法等。

1.观察法

观察法（Observational methods）是心理学的最基本的研究方法之一，是研究者依靠感官或观察工具，在对观测的环境施加不同程度的控制下，有目的、有计划地对特定对象进行观察和描述主体的行为。这使得观察法研究成为介于高度控制的实验设计方法与较少结构化的面试访谈之间的中间方法。观察法根据实施原则的区别可以按以下三种方式分类。

（1）自然观察

自然观察是对处于自然状态下的人的活动进行观察，被观察者并没有意识到自己正在被观察，因此观察到的情形比较真实。例如要了解人与特定产品之间的关系，可以在商场、卖场安排所谓的"神秘购买者"来进行观察，或是在商场或用户家中进行录像等。自然观察具有一定局限性：首先，自然观察不允许研究人员对观察到的情况作出因果陈述，行为只能被描述，而不能解释；其次，在未经被测者同意的情况下进行观察也存在道德问题。避免第二个问题的一种方法是在观察后对对象进行汇报，征求使用本次测试过程进行研究。

（2）控制观察

控制观察是被观察者处于特定的人为控制的情景之下进行的观察，分为参与观察法、结构化观察法、现场实验法。大多数利用心理学研究的实验中会干预某些变量元素，可以促使通常难以观察到的事件发生、通过操纵自变量来确定它们对行为的影响。有三种介入程度不同的控制观测方法：参与观察（Participant observation），结构化观察（Structured observation）和野外实验（Field experiments），这三种控制观察法的控制介入程度依次减弱。由于被测者知晓自己在被观察和记录，所以控制观察的缺陷在于当被测者知道自己被监视时，他们可能会改变自己的行为，试图让自己看起来更加令人敬佩。为了使被观察者的行为接近自然状态，应使观察场景尽可能自然。

2.实验法

实验法（Experimental research），在控制条件下对某种心理现象进行观测的方法，它的主要观念来源于自然科学的实验室研究的方法。1879年，德国心理学家冯特（Wundt）在德国莱比锡建立了世界第一个心理学实验室，标志着心理学摆脱哲学的束缚，成为一门独立的科学。实验室的研究不能严格划定为定量研究，因为实验室研究中，既可以使用问卷、仪器测量等定量研究，也可以采用观察法、有声思维等定性研究的方法。例如用户心理研究中最常见的一种研究方法——可用性测试——般是在特定的可用性实验室中进行，以保证用户不受外界刺激的干扰，留下完整的视频和音频资料，并便于研究人员进行多角度、全方位的观察。

3.心理测量法

心理测量法（Psychological test），是运用一套预先设定的标准化问题（结构性问卷）或量表（scale）来测量某种心理品质的方法，如果不是标准化问卷就应称为调查而不是测量。心理测量有两个重要的特点：一是使用一定的测量工具；二是测量结果用数值表示，即量化。

最常用的心理测量工具是量表，量表是一系列结构化的符号和数字，用来按照特定的规则分配给适用于量表的个人（或行为和态度）。各国研究者设计了许多不同类型的量表工具进行调查研究，主要的量表类型包括类别量表、顺序量表、等距量表、等比量表和语意差别量表。语意差别量表（Semantic differential scale，简称"SD量表"）是设计艺术领域中用户心理研究最常使用到的量表之一。它研究的焦点是测量某个客体对人们的意义。其测量方式是，确定要进行测量的概念，挑选一些用于形容这些概念的对立（相反）的形容词、短语（即形容词对），请被测者在量表上对测试概念打分，研究者计算每一对形容词的平均值，再构造出意向图。例如净推荐值量表、用户满意度量表、可用性量表、易学性量表等将在后续为大家介绍具体使用方法。

除了以上直接比较用户对设计物评价的语意差别之外，设计心理研究中的语意差别量表还被用于通过研究被测者对设计物的各项评价，发现影响被测者评价设计的主要量度的构成要素，即描述被测者心目中设计物的"意象"的几个主要维度。

4.投射法

投射法（Projective test）最先来自临床心理学，目的是研究隐藏在表面反应下的真实心理，获取被试者真实的情感、意图、动机和需要等。投射法常常给被试者提供一种无限制的、模糊的情景，要求其做出反应。即让被试者将他的真正情感、态度投射到"无规定的刺激"上，绕过他们心底的心理防御机制，透露其内在情感。常用的投射法包括词语联想法、句子法、故事完型法、绘图法、漫画测试法、照片归类法、萨尔特曼隐喻诱引技术等。

最著名的投射实验是著名瑞士心理学家罗夏（Hermann Rorschach）1921年创立的"罗夏墨迹测验（Rorschach inkblot test）"，让被试者观察由于纸被折叠而形成的浓淡不一的对称的墨迹图案，如图5-1所示，并描述看到的图案。

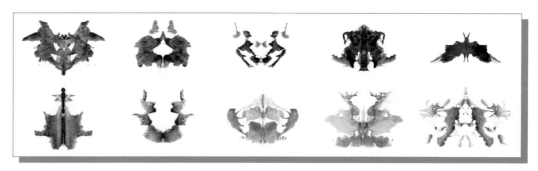

图5-1　罗夏墨迹测验

5.仪器测量法

仪器测量法，即运用仪器作为主要手段，来记录和测试主体外在行为，分析和发现其背后的心理机制，达到量化用户体验的目的。常用的仪器包括脑电图、眼动仪、虚拟现实设备等。使用仪器研究能保证研究结果的客观性，并可反复检验，因此正如近年心脑科学成为心理学研究的热点一样，仪器测试也得到了设计心理学领域的学者们的广泛关注。

三、心理学中提升用户体验的方法模块

1.民族志调查与改进的民族志调查方法

（1）什么是民族志

民族志（Ethnography）又称人种志，是一种以人类学为基础的对人和文化的系统性研究方法。民族志的核心是从参与者的角度实地调查、研究当地的社会文化，强调研究人员

长期而深入地参与到被研究人员的社会环境中，用定性方法客观地观察、记录研究主题。

（2）民族志调查的方法

民族志调查的实施可分为五个阶段：调查立项、资源准备、田野调查、撰写报告、补充调查。

a.调查立项：首先需要确定民族志调研是否适用于本次研究。如果设计命题、设计挑战的目标受众是设计团队所陌生的、不完全熟悉的，那么就需要通过民族志深入了解一个特定群体如何工作、生活。其次需要设计团队明确此次的调研对象特征和要求，以便在资源准备环节快速找到被测者。

b.资源准备：寻找合适的被测者、了解被测者基本信息、撰写详细的调查提纲和设计调查表格、建立研究团队，根据民族志调查的规模寻求相应的支持。

c.田野调查：传统的民族志调查过程中，人类学家可能会花费数月甚至数年在自然环境中学习他们的语言、了解他们的民间传说、观察他们的社会结构。但在以用户研究为目的的田野调查中，设计师或用户研究员通常会专注于两个方面的资料收集。其一是目标群体的生活方式、行为习性、兴趣爱好等人格元素。其二可以借助服务设计中的接触点概念，观察被测者与命题相关变量的所有接触点，通过非正式访谈、直接观察、参与生活等方法研究"人—机—环境"的关系。需要注意的是，在观察过程中要尊重被测者的个人的日常生活，不要过分干预被测者正常生活。因为民族志调查强调的是探索和记录观察到的现象，而不是测试和验证实验室中的假设。

d.撰写报告：研究团队需要分析田野调查中所记录的资料，着重整理描述与命题相关的记录，抽离出多个重要的单个事件。其次，可以对目标群体进行详实的描述，方便构建用户画像。

e.补充调查：根据研究需要，若有遗漏的调查需求可进行补充调查。

从民族志的实施过程中，我们可以看到民族志是以实地研究为基础的自然观察法。与控制观察相比，在长时间的田野调查中研究员与被测者有充分的时间建立亲密关系，避免了控制观察中被测者可以改变自身行为的缺陷。与传统的民族志调查方法相比，传统方法需要研究员在研究环境中沉浸的时间多达数月甚至数年，但如此长期的研究对于互联网时代下的公司、团队来说投入产出比不高。此外，调研过久也会面临用户需求已经不断变化的问题。所以简化版的民族志调查方法被越来越多的企业接受和运用。简化的民族志调查过程可以参考Shopkeep这个软件调研与设计过程，如图5-2所示。

4.新零售背景下面向未来的消费者标签系统的研究与设计

图5-2　Shopkeep APP调研与设计过程

2.深度访谈法

（1）什么是深度访谈

深度访谈（In-depth interviews / depth interviews）是一种定性收集数据的方法，通过面对面或电话的形式一对一访谈。让目标用户直接参与到设计研究过程中，是以用户为中心理念的直接体现。

（2）深度访谈的优劣势

深度访谈的优势：第一，与焦点小组、问卷调查相比，深度访谈的采样质量更高，可以利用较少的参与者获得较多的洞察。若主持人能利用访谈技巧与参与者建立融洽的关系，让参与者感到舒适和自在的话，可以在访谈过程中收到更有价值的回应。主持人也可以关注并记录参与者语调、用词、肢体语言、语言停顿的变化，以获得语言之外的更深层次的理解。第二，深度访谈过程中没有其他成员，避免了焦点小组中出现意见领袖对其他成员的干扰。第三，如果在参与者熟悉的空间进行访谈，可以在短时间内把民族志的一部分优势带到深度访谈中——主持人可以通过观察参与者与产品、环境的互动，了解到其心态、行为和生活方式，既帮助主持人理解深度访谈的内容，也让访谈变得更轻松。

深度访谈的劣势：在客观条件上，深度访谈一般会持续较长时间，相应的也会耗费更多项目成本。在主观条件上，深度访谈的效果与参与成员直接相关。如果主持人没有相应的访谈技巧和访谈经验，访谈得到的产出洞察和结果会差强人意。同时，深度访谈的产出一定程度上由参与者的背景阅历决定，所以参与者必须仔细挑选，避免无效访谈。

3.焦点小组

（1）什么是焦点小组

焦点小组（Focus group）早在1976年前便由社会学家罗伯特（Robert K.Merton）在美国应用社会研究局（Bureau Of Applied Social Research）中应用。但"焦点小组"一词是由心理学家和市场营销专家欧内斯特（Ernest Dichter）在1991年创造的。

焦点小组是典型的定性研究方法，通常由6～12个差异较大的小组成员组成，在小组中针对某一主题进行自由交流，研究员负责观察记录，或参与其中提出相反观点以刺激讨论。虽然焦点小组没有深度访谈的深度优势，但焦点小组在概念设计早期是一个重要的可以快速了解用户的动机、需求和反馈的敏捷工具，通过研究参与者的讨论和意见来推测和预估更多目标受众的反应。

（2）焦点小组的优劣势

敏捷性是焦点小组的最大优势。在紧急的调研需求下，深度访谈持续时间过长，于是研究员可以通过焦点小组快速获取反馈。

但焦点小组的缺陷也同样明显。第一，在焦点小组中容易产生"意见领袖"和"摇头娃娃"。意见领袖的出现会引导小组中其他成员的表达，摇头娃娃常常表面赞同他人意见不轻易吐露心声。这两种人在焦点小组中都会让访谈缺失一部分意见和反馈，甚至被某几个人带偏方向。因此焦点小组中的主持人和参与成员都需谨慎选择。第二，当主题涉及与个人隐私相关的话题时，参与成员可能会由于戒备心理、自尊心等原因不能进行客观、真实地表达。因此焦点小组并不适合讨论关于个人隐私的敏感话题，设计此类问题的访谈应采用深度访谈的形式进行。

4.萨尔特曼隐喻诱引技术

（1）什么是萨尔特曼隐喻诱引技术

萨尔特曼隐喻诱引技术（Zaltman metaphor elicitation technique / ZMET）是由哈佛商学院的萨尔特曼博士（Gerald Zaltman）在20世纪90年代早期开发的一种通过非文字和隐喻表达来探索意识、无意识思维的技术。语言访谈类方法中，被测者有一定几率无法准确描述自己的意图和想法，这项专利技术通过图片载体揭示被测者的潜意识和深层次情感，可以帮助设计师更有效地与受众交流某个品牌、产品或主题。

（2）萨尔特曼隐喻诱引技术的研究过程

首先，研究员会告知被测者一个主题词，并要求被测者提前收集一组开放性的图片来描述此主题。这利用了人类在影像中思考的前提观点，用投射法揭示深层、无意识的思想和情感。

其次，一对一的深度访谈是萨尔特曼隐喻诱引技术的核心步骤。在深度访谈中通常有以下九个步骤：请被测者依次挑选图片并根据图片讲故事；确认该组图片已经完整表述被测者对主题的理解避免遗漏；请被测者将照片分类并询问分类依据；利用凯利方格法进行概念抽取；请被测者选出最具代表性的图片；请被测者选出最不相关的图片；请被测者依次用五感描述主题；描绘出被测者的个人心智地图；总结并合成一张代表整体想法的图片。

最后，根据被测者们的心智地图挖掘受众共同的价值观念、潜在需求、产品预期。找到被测者对于主题的共有映射观念。

为了更明确地体会萨尔特曼隐喻诱引技术的研究过程，ZMET技术官方组织为一家儿童医院服务过程可以让大家了解到萨尔特曼隐喻诱引技术在实战中的应用，如图5-3。

图5-3　ZMET官方实例儿童医院改造

5.利用ZMET技术改造儿童医院

5.问卷法

（1）问卷法的优势

问卷调查（Questionnaire）于1838年由伦敦统计学会（Statistical Society of London）提出，是由一系列问题构成的信息收集研究工具。

使用问卷法收集信息的最大优势是价低、量高。目前市面上有众多的在线调查问卷设计工具，如问卷网（www.wenjuan.com）、问卷星（www.wjx.cn）、腾讯问卷（wj.qq.com）等，降低了问卷制作门槛，且利用互联网较好传播优势能更快收集到数据。但线下问卷的优势在于方便在特定环境下寻找目标受众，无效问卷数量较少。

（2）问卷设计技巧

问卷中包含的一系列问题可以按照问题类型分为开放式问题和封闭式问题，开放式问题要求被访者自己写出相应的回答，此类问题不应过多，位置应靠后，避免被访者出现抵触情绪。封闭式问题要求被访者从给定数量的选项中选择答案，这些答案选项应是详尽且互相排斥的。

问题的设计应遵循一定的心理顺序。在逻辑方面，问题排序应从不敏感到敏感，从事实、行为到态度、观念。私人问题会让受访者感到不舒服，不愿意完成调查，所以要逐步建立被访者信任，以求高回应率。在内容方面，每个问题都应该对上一个问题有承接作用，保持被访者在心理上的连贯性，降低跳失率。

动态问卷能更好地适应不同受众。在线问卷工具拥有逻辑跳转功能，上级问题的不同答案可以对应不同的下级问题。也可以尽早结束非受众的问卷进程。例如"您对耳机产品的了解程度？"问题可以分组出不同消费程度的消费者，根据答案可以跳转不同分支问题。在这个问卷中充分运用逻辑跳转功能的优势在于既可以询问到消费级用户一些普通消费需求，也可以得到发烧级用户的专业洞察。

第二节　设计执行阶段

一、平面感知相关的产出

在对设计心理学与设计产出的研究中，在这里分为色彩和图式两个影响因子来分析。色彩心理学是研究色彩在人类行为中影响因素的心理学科，而图式理论描述了人类利用已经存在的图式进行认知思考的模式，两者对人们的平面感知有深刻的影响。

1.色彩与认知

色彩在人生经验中自然而然地形成图式记忆，时刻影响着人们对事物的认知。药品上色不仅可以使药物更容易被患者接受、增加对儿童的吸引力，还会影响人们对患处状态的感受。荷兰阿姆斯特丹大学的克雷恩（A.J.de Craen）在颜色对药物的感知及有效性研究中表明，红色、黄色和橙色的药丸可以产生兴奋的暗示作用，而蓝色和绿色的药丸可以产生安定的暗示作用。所以安眠药、镇静药和抗焦虑药更可能是绿色、蓝色或紫色，舒缓疼痛药片更多的使用白色。不仅是药物，与视觉无关的味觉、嗅觉，会因为颜色的图式刺激而产生偏差。例如食物通常通过鲜艳的红色、金色、绿色来"增强"味觉刺激，相反人们会主观上觉得深紫色、乌青色的食物不那么好吃，如图5-4、图5-5。

反之亦然，感知经验也赋予了人们对色彩（Goethe）和席勒（Schiller）创作了关于"寓意、象征、神秘色彩运用"的"性格玫瑰的情感认知。1798年9月，诗人歌德

图5-4　色彩与口感之增强味觉　　　　　　　图5-5　色彩与口感之减弱味觉

（Rose of temperaments）"色轮。与牛顿的光谱颜色理论不同，在歌德的十二种非光谱颜色色轮中主观性地加入了洋红色的运用，匹配了不同的心理和性格。

他按照体液学说（Humorism）将6种颜色分为12个部分，组成4类：多血质（Sanguine）、黑胆质（Melancholic）、胆汁质（Choleric）和黏液质（Phlegmatic）。多血质和黑胆质是情感体液，而胆汁质和黏液质是活动体液（见表5-1、图5-6）。

表5-1　体液与对应角色、颜色

体液	代表角色	颜色
多血质	恋人和诗人	黄色、绿色、青色
黑胆质	统治者和哲学家	紫色、洋红色、红色
胆汁质	英雄和冒险家	黄色、红色、橙色
黏液质	历史学家，教师和演说家	青色、蓝色、紫色

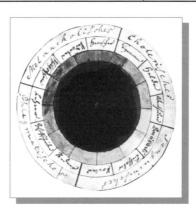

图5-6　"性格玫瑰"色轮

2.利用色彩心理学提升品牌体验

色彩对产品或品牌的影响源于心智模型和图式联想。但不是特定的颜色吸引了品牌受众，而是特定的颜色适合传达特定品牌的理念和调性，影响了受众对品牌和服务的情绪和感知。

图5-7 蓝色系和红色系的代表标志

消费者在首次接触品牌的时候，90%的感知是基于色彩的。品牌的色彩对于每个群体的情感效应都会受到阅历、文化、宗教、环境、性别等因素的影响而有所不同。所以在品牌的策划阶段应在确定目标受众后，做一系列的设计研究，保证用正确的颜色映射正确的品牌调性。例如与金融服务、科技服务相关的品牌经常使用蓝色系标志，因为蓝色可以帮助品牌传达值得信赖、沉稳忠实、具有科技感的品牌调性。与食品餐饮相关的品牌经常使用红色系标志，因为红色可以帮助品牌传达热情好客、欢乐美味的品牌调性，如图5-7、图5-8。

图5-8 品牌网站设计

3.利用色彩心理学提升展示体验

色彩不仅用于提升品牌关注度，还用于塑造橱窗展示和公共空间的氛围。贝利其（Bellizzi）在颜色对店铺的影响研究中发现店铺主题色彩会影响人们的进店率，而不只是产品和品牌本身。人们会自然地被暖色调的展陈设计所吸引，不过他们认为酷炫的展陈设计会更加吸引人。例如在蓝色、紫色的展陈空间中，由于冷暖对比的加强，黄色、橙色在普通空间中显得更暖更跳跃，如图5-8、图5-9。所以影响人们认知和决策的事情都在悄无声息地发生着。

图5-9 VERSACE JEANS店铺设计

图5-10　MUJI店铺设计

4. 利用色彩心理学提升交互体验

交互设计是在设计调研后的一项工作，对功能点进行梳理并绘制交互原型图。对于用户来说，接触到的交互设计工作体现在视觉稿中。除建立产品调性外，使用色彩可以映射交互层级、暗示交互功能、制定信息分类等无意识、潜意识为主的基本功能。

例如在谷歌安卓系统Material Design指南中有详细的颜色指南和设计规范，并给出了详细的用于不同层级的主色、辅色色值，如图5-11。

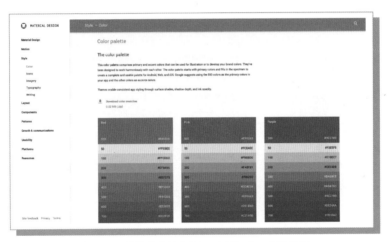

图5-11　谷歌安卓系统Material Design色彩指南

根据不同目标受众，市场上目前有针对各类圈层文化的阅读类移动应用。视觉设计中都运用到了品牌色和辅助颜色，如图5-12。

图5-12　移动应用设计

5. 利用图式理论提升用户体验

在心理学和认知科学中,图式是一种信息组织和信息关联的思维或行为模式,是一种主观的、先入为主的心智模型。图式能在潜意识中影响人们的认知和判断,同时人们也更愿意认识和接受符合其图式的事物。在用户体验领域,可以通过构建目标受众所熟悉的图式来帮助受众自动、无意识地理解新的产品或品牌。例如账单界面的账单元素设计、设置页面的齿轮图标、卡片式设计、放大镜搜索按钮都利用了人们所熟悉的图式来提升用户体验,如图5-13。

图5-13 联想手环、微信移动应用设计

二、布局空间相关的产出

人工环境是人们根据自身需求而逐渐创造的环境,因此,人工环境的设计应根据人们的行为、活动设计,来满足不同使用群体的需要。根据环境中发生的主体行为不同,可以将环境分为居住环境、工作环境、公用环境。

1. 工作环境中的用户体验

工作环境中用户体验提升的重点在于如何提高工作效率的同时增强愉悦体验。办公室的设计与工厂虽然同为工作环境,但是要求不尽相同——前者需要更多考虑工作台面的尺度以及座椅的设计,因为办公室工作主要的姿态是坐,从心理学的角度来说办公空间应保证环境的私密性,每个作业者拥有相对独立的空间可以使他们处于较为放松的状态,注意力也不容易被打扰。但如果是需要协同工作的职业,开敞式的协作办公空间也越来越受到欢迎,如图5-14。

图5-14 阿黛尔贝茨设计工作室

相对而言，工厂的工作空间往往比较大，并且在同一空间中要完成若干项相关的不同作业项目，因此有以下五点需要注意。

① 空间布局、动线的设计应与工作流程相符合，这样可以缩短人与物的流动距离，避免相互交错带来的混乱和互相干扰。

② 工具放置位置和工位空间布置应符合作业的特点和人的尺度。在设计的时候需要进行田野调查，研究工作者真正的使用状态，而非在工作室中想当然。例如操作大型机器（纺织、车床控制等）或者动作较大的操作应该留足空间，而流水线等比较固定的工作工位则可以稍小，这样工具更易于找寻、方便拿取。相应的尺寸应符合相关的人机工程学尺度。

③ 照明条件会影响工作效率。首先要保证充足的作业用光，现代厂方通常都采用玻璃长窗，这是伴随机器化大生产而产生的设计特点，玻璃窗能提供充足的光照；其次要保证亮度分布均匀合理，研究表明，亮度分布越均匀，视觉作业的效果越好；最后还要避免眩光现象，优雅的视觉环境还能营造良好的情感氛围，如图5-15。

图5-15　新加坡数字化能力中心

④ 噪声，过大的噪声会引起人的焦躁、厌恶等不愉快的情绪，根据国际标准化组织（ISO）的标准，假如一天连续暴露8小时，那么噪声应控制在85 ～ 90dB，最高噪声不能超过115dB。

⑤ 环境色，环境色调应符合一般的色彩心理感受规律。一般来说，生产场地的环境色要利于采光，并且避免分散注意力，因此浅色比深色适宜，颜色也不易过多，过于艳丽。大面积的墙面和顶棚最好使用白、乳白、淡黄、淡灰等反射系数大，并且使人感觉安静、凉爽的色调。为了避免环境过分单调、枯燥，可以在小面积中使用一些较为活泼的颜色作为点缀，例如设备上的装饰带等。设备应与环境色存在一定差别，设备某些部分应按照安全保障的原则使用警戒色或为了特别吸引作业者的注意使用焦点色（较为鲜艳的颜色）。

2.家居环境中的用户体验

家居环境显现了主人的群体关系、社会背景、文化素质等稳定的特征，也打上了其个人经历的烙印，具有鲜明的个性化特征；并且居室作为人们最常栖息的环境，能反过来影响和强化其个人意识。居室设计除了要考虑光照、色调、噪声等因素之外，还应重点注意两个方面。

① 重点协调私密性和公共性的需要，建立更加和谐、友好的家居环境。

② 主人的特征、品质、经历、社会地位、文化背景，如图5-16。

图5-16　优雅的小户型设计

3.公共环境中的用户体验

公共环境，主要包括街道、广场、剧院、图书馆、商场等环境。这些场所中人流量大，其空间设计主要包括如下几方面。

① 保证人流通畅。

② 无障碍设计，例如剧场、医院等场所应考虑老弱病残的特殊需要，尽量为差异性的人群提供使用、栖息的便利。

③ 目的性需要，根据不同场所的特定目的进行设计。

④ 公共安全的需要，例如遇到紧急状态如何疏散、救助的需要。

在寒冷黑暗的冬季中，公共空间往往人较少。瑞典乌托邦（Utopia）建筑公司在斯德哥尔摩设计了一座公共公园，该公园不仅可以在温和的夏季可以使用，在北欧寒冷的冬季也有室内部分供人取暖，如图5-17。

图5-17　斯德哥尔摩的公共空间设计

最后，在各类环境设计中，设计师还应充分考虑到各种环境限制。环境限制是指外在环境、场景对设计、人的工作、活动所带来的障碍，例如噪声、微弱的照明，以及环境中可能分心的事物。除了前面那些物理环境带来的限制，还有一些由于社会规范或文化带来的环境限制，例如参加讲座、图书馆或者肃穆的场合下，不应使随身携带的设备发出声响等。

4.利用氛围设计提升用户体验

氛围是指围绕或归属于一特定根源的，有特色的高度个体化的气氛，环境氛围是环境带给处于其中的主体的一种综合性的、有特色的心理体验。人们处于特定的环境中，环境的视觉、听觉、嗅觉和触觉的综合作用，会使消费者产生不同的主观感受，因此环境氛围是主体视觉、听觉、嗅觉、触觉的综合。"氛围"能使主体产生三种主要的调节消费行为的情感，分别为愉悦、激励和支配。这三种情感能促使消费者在商场停留更多时间，或者比原计划花费更多金钱购物。

氛围是一种综合性的心理体验，它主要取决于两个方面的设计，其一是空间的布局；其二来自室内陈设和布置。居室内的陈设归纳为三个要素——陈设的位置、陈设之间的距离以及象征性装饰的数量。以教堂作为例子，教堂中的陈设——高天花板、玻璃窗、绘画和雕塑、幽暗的灯光能引起人们的敬畏感和服从感。从艺术设计的角度说，陈设自身的设计风格是形成氛围的重要因素，也是形成环境的个性化特色的重要原因。设计师为了给环境营造某种氛围，会使用一些能产生类似联想或情感体验的装饰物，以及具有特定风格的家具设施作为道具，有时还将带有个人印记的物品作为体现环境个性化的提示。

精心设计的环境不仅能带给主体舒适的身心体验，而且还能给他们带来情感的满足和精神的愉悦。反过来看，不当的环境氛围则会影响主体的情绪，造成心理上的不良反应，如在医院病房里使用刺激、鲜艳的色彩，或摆放后现代风格、波普风格的家具等，都可能使本来心情郁闷、焦躁的病人更加烦闷和焦躁不安。围绕主题展示需要，精心策划和设计的情感体验式的氛围环境，感染力极强，如图5-18。

图5-18　草间弥生美术馆展示设计

06

第六章

用户体验评估

科学的设计心理学离不开理性、量化的实证研究。现在，我们将一起聚焦在设计心理学的测试与评估层面，从项目评估的角度系统探讨设计心理学在设计评估阶段的应用方法。

第一节　用户体验评估概述

一、用户体验评估概述

用户体验评估的方法应当贯穿整个设计过程，即，在用户研究阶段可以用于验证研究结果是否失真；在策略输出阶段可以用于验证是否真正满足商业和用户需求；在设计执行阶段可以实时检测出是否符合目标受众的预期等。让用户以提前使用者的身份参与到整个设计流程中，能够直接了解到真实用户是如何体验这个项目的，保证设计产出真正做到以用户为中心。

用户体验评估（User experience evaluation）是在整个设计流程中滚动使用的一种用于评估设计的方法，用于检测设计产出物能否达到项目预期。用户体验评估不仅用于消费产品、网站、软件界面测试，还可以广泛的运用在视觉和空间设计中，例如平面海报、包装、展示、家居空间等测试。

二、为什么要进行用户体验评估

"用户体验"通常被认为是主观性的心理感受，且与体验环境、个体因素甚至心情相关，不同条件下的体验往往具有一定波动。以往的产品在投放到市场后才开始收集用户的反馈，但此时已经具有流失客户的风险。用户体验评估是通过包括心理学、认知学等在内的一系列量化方法对产品进行评价，具有一定的普遍性和参考价值，可以在产品正式面对消费者前与部分目标消费者进行交流互动，提前发现问题、规避市场风险。

● 案例分析——Virtual Boy 的失败

Virtual Boy 于 1995 年发布，是由任天堂开发的世界上第一台支持 3D 显示游戏机。硬件部分的外形与现在成熟的 VR 设备十分相似，由眼前的显示器和操控手柄组成，如图 6-1。仅发布一年，任天堂便停止了 Virtual Boy 的发行和其游戏的开发。

Virtual Boy 的失败原因在于两点。第一，由于技术限制，当年显示器技术有限，仅能显示单红色，这在掌机市场的冲击下毫无竞争力。第二，由于刷新频率低，用户在转向的时候会产生强烈的视觉延迟造成呕吐。当然任天堂注意到了这点不安全因素，于是推出产品的时候将 Virtual Boy 固定在桌子上供用户使用。前倾的身体、不等的身高、不可

图6-1 Virtual Boy 与 Oculus Rift 的外观对比

控的头部都降低了 Virtual Boy 的用户体验。这种商业上的失败很大一部分原因是因为缺乏用户体验评估，如果再项目开发进程中招募目标受众共同开发，在商业角度可以减少试错的风险和亏损。

三、用户体验评估的方法

用户体验评估具有丰富的手段方法帮助设计师理解用户，可以从实施手段分为认知反思评估、生理数据评估等方式。

认知反思评估是用户体验评估中较低门槛、性价比较高的一类评估方法。通过设计实验、体验产品让被测者反思自己的体验感受，并利用量化的表格采集用户反馈。但由于用户的非专业性，无法保证完全专业性的反馈，所以还有生理数据评估，通过获取并分析被测者的生理数据，从而得到被测者无法口头表达的内容。

第二节 认知反思评估

一、情绪效价与情绪唤醒度

1.什么是情绪效价与情绪唤醒度

情绪效价（Emotional valence）在心理学中用于表示人对事件、事物或情境的固有吸引力，也是人对自身情绪的反思评估，通常分为积极情绪和消极情绪两大类。

唤醒是人体感觉器官被刺激后的生理和心理状态，而情绪唤醒度（Emotional arousal）是情绪激活程度，短期内情绪唤醒度过高或过低都会对身体产生不利影响，而长期的情绪唤醒平均水平的差异导致人们拥有外向或内向性格，也是上一章中"气质玫瑰"色轮的生理理论基础。

2.利用情绪效价与情绪唤醒度进行评估

感情、推理、记忆、直觉、判断、决策等方面影响了人们对体验的定义，这些体验伴随着情绪的变化。认知是人们内部的思维状态，虽然认知是不能够直接被第三方观察的，但情绪的部分可利用情绪效价与情绪唤醒度对被测者短期心理状态作出评估。通过观察被测者体验产品的过程、收集体验后填写的反思测评表格获得如喜悦、惊喜、挫折等的水平。

二、日内瓦情感轮

1.什么是日内瓦情感轮

日内瓦情感轮（Geneva emotion wheel）是一种尽可能精确地测量体验情感的一种量表工具，由日内瓦情感心理学家克劳斯（Klaus R.Scherer）提出，是针对情绪效价与情绪唤醒度开发的具体工具。

情感是在与人或物交互的过程中产生的，由于情感的复杂性，克劳斯认为情绪可以定义为多元组合，只能通过自我报告措施进行评估。所以日内瓦情感轮由离散的情感术语组成，这些情感术语排布在四个象限中：积极情绪——消极情绪、高可控——低可控。被测者对情绪术语的回应度、认同度用情绪簇中的圆圈表示。从情感轮的中心到情感轮的圆周，代表着情感同由低到高，故在车轮的中心表示"无情绪"或"其他情绪"，如图6-2。

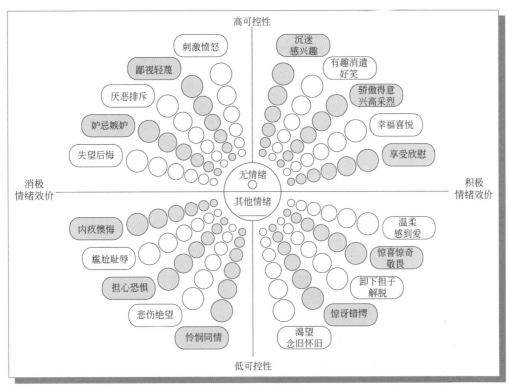

6.日内瓦情
感轮打印
版和案例
分析

图6-2　日内瓦情感轮

2.利用日内瓦情感轮进行评估

日内瓦情感轮有三种使用方法：要求被测者在体验后只选择一种最突出的情感；要求被测者在体验后选择多种情感描述体验；要求被测者在体验后对所有情感进行评估。

以下是三种方法的操作步骤。

（1）被测者只能选择一种情感

请被测者在情感轮中选择一种情感，这个情感能够最确切地描述体验。如果被测者完全没有感觉到任何情绪，就在情感轮中间的上半圆"没有情感"上打勾。如果被测者遇到与情感轮中的任何情绪都非常不同的情绪，就在情感轮中间的下半圆"其他情感"下方填写一个词描述这种情感。

（2）被测者同时选择多种情感

情感很多情况下是混合而多元的，根据测试需要，请被测者选择一些在体验中感受到的情绪，并评估每个情绪的强度。如果被测者完全没有感觉到任何情绪，就在情感轮中间的上半圆"没有情感"上打勾。如果被测者遇到与情感轮中的任何情绪都非常不同的情绪，就在情感轮中间的下半圆"其他情感"下方填写一个词描述这种情感。

（3）要求被测者对所有情感评级

情感很多情况下是混合而多元的。即使有些情感的强度非常低，但请被测者评估每个情绪的强度。对于被测者没有感受到的情绪，请让被测者在情绪的最低圆圈中打勾。

三、PrEmo 情绪计量法

1. 什么是 PrEmo 情绪计量法

PrEmo 情绪计量法是一种用于快速测量情感的非文字自我报告工具。PrEmo 利用 14 种富有表现力的卡通人物测量情绪，可用于评估现有设计的体验情感、产品特征与情感之间的关系。

在读图时代背景下，有声短动画的使用极大提高了对复杂情感的洞察力。PrEmo 的优势在于同非文字的方法评估难以用语言表达的微妙而多元的情绪，并且可以跨文化、跨年龄、跨环境背景使用。

2. PrEmo 情绪计量法的使用过程

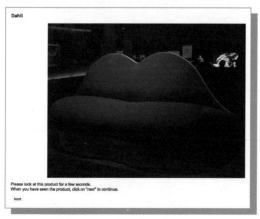

图 6-3　PrEmo 情绪计量法步骤一

（1）体验产品或观察视频与图片

在测量开始的第一个阶段，需要被测者使用或观察这次测试的目标产品。在使用过程中用研人员应尽量避免对被测者主管观察的干预和影响，如图 6-3。

（2）回顾体验并给出评价

在第二个阶段，被测者需要反思回忆自己体验到的情感。分别点击观看并对十四个有声短动画给出评级（0～5），分数越高代表情感认同越强烈，如图 6-4。

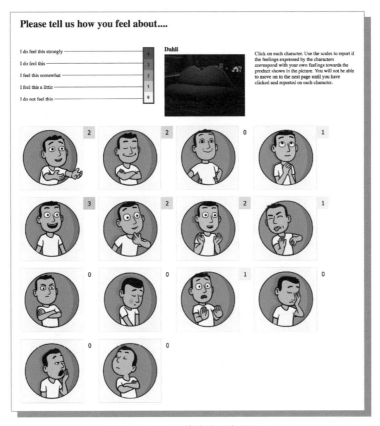

图6-4　PrEmo情绪计量法步骤二

（3）分析评估结果

　　用户测评往往仅需数分钟即可完成，在测评结束之后，用研人员可以查看被测者对评估目标的情感印象。使用PrEmo工具在线获取大量样本后获得测试群体对产品的普遍情感，对于用户定位、评估设计、评估调性方面有一定帮助。另外一个关于"消费者行为在发达地区和新兴经济地区的差异"的详细案例请查看PDF电子文档，如图6-5。

7.消费者行
为在发达
地区和新
兴经济地
区的差异

图6-5　消费者行为在发达地区和新兴经济地区的差异

四、可用性测试

1.什么是可用性测试

可用性测试（Usability testing）是一种通过对真实目标受众用户进行任务测试的产品评估方法。可用性测试与以上情感评估方法的侧重点不同，情感评估方法注重对体验的整体感觉和心理活动，而可用性测试关注的是用户在体验产品过程中达到具体任务目的之难易程度。

2.可用性测试的方法

① 确立本次可用性测试的任务目标。例如"请初次使用的用户找到会员入口并加入会员""请初次使用的用户检索出自营商品中销量最高的身体乳，并使用银行卡完成购买"。根据需要，也可以提出"请初次使用的用户体验自己感兴趣的所有功能"这类不做具体限定的测试任务。

② 确立测试场地，根据测试任务的需要选择自然生活场景、实验室或搭建小范围场景。场景对用户的心理影响与访谈法相似。

③ 正式开始测试环节。被测者在执行任务列表的期间，用户研究人员应当在场观察并记录笔记，了解真实用户如何在真实的环境下使用产品。根据测试需要可进行录像，可进行多次观察并研究。

以上是可用性测试的普遍过程，可用性测试包含众多种类和具体方法，例如有声思维法、纸上原型测试、启发式评估、远程可用性测试、用户满意度测试、易学性测试、净推荐值测试、A/B测试等方法。

3.有声思维法

（1）什么是有声思维法

有声思维法（Think aloud）是一种用于在体验过程中收集体验反馈的用户体验评估方法，于1994年由刘易斯和里曼（Clayton Lewis和John Rieman）在《Task-Centered User Interface Design》一书中提出。在观察实验过程中，会要求被测者遍历所测试的产品或执行一定的任务，并在体验的过程中不加思考地说出包括看到了什么、听到了什么、在思考什么、在做什么、想要做什么等在内的一切所做所想。

（2）利用有声思维法进行评估

有声思维法的核心是让被测者描述自己的思考过程，这可以让设计师明确洞察到目标用户的认知进程，如图6-6。例如被测者可能会提出"我要购买刚才加入购物车的商品，但我找不到购物车，它在哪？""为什么这里有一个放大镜图标？""这个海报有很多树的形状，这和京剧有什么关系？"这样不符合用户预期的问题，经过测试结束后的转录分析，设计师就可以准确描述被测者的体验过程了。这种敏捷的方法可以利用在整个项目进程中，不断地进行遍历测试可以快速找到目标受众感觉困难的任务，以便后期修改优化。

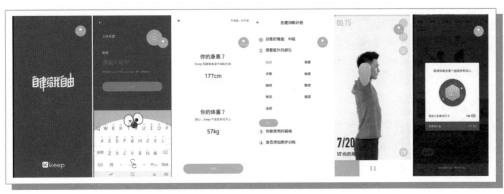

8.keep手机应用有声思维法任务测试

图6-6　keep手机应用有声思维法任务测试

4.纸上原型测试

（1）什么是纸上原型测试

纸上原型测试（Paper prototyping）是用在纸张上绘制的低保真原型图进行可用性测试的方法，主要用于交互设计领域的前期测试。低保真原型可以是电脑绘制或手绘的草图，每一幅草图就相当于一张屏幕截图，在使用的过程中，根据用户具体的点按操作来替换不同的草图。虽然纸上原型看起来有些简陋，但在设计前期可以充分发挥其敏捷性获得大量有用的反馈，从而可以快速调整和迭代，设计出更符合用户需求的产品。

（2）纸上原型测试的优点

第一，纸上原型可以帮助企业节约时间和金钱。由于纸上原型的创建和修改都很简单且廉价，所以允许设计师在项目初期根据用户需求进行大量探索和测试，有助于在编写代码之前解决可用性问题，减少后期需求变更的成本和负担。

第二，纸上原型可以让任务聚焦化。使用纸上原型设计可让设计师和用户共同聚焦在功能架构、交互逻辑上，避免受到视觉效果的干扰而影响交互的纯粹性。同时也利于分散压力，低压力的设计过程可以促使团队大胆创新，减轻风险。

（3）纸上原型的制作

纸和笔是必需的工具，推荐直接使用打印好产品屏幕边缘的纸，可以让用户快速联系起手机产品使用经验的图式。若经常使用这种方法，可以考虑购买"纸上原型镂空钢尺"，它可以帮助设计师更快速、更规范地画出简洁易懂的原型图，如图6-7。

9.纸上原型的绘制

10.纸上原型草稿本

图6-7　纸上原型的绘制

5.A/B测试

（1）什么是A/B测试

A/B测试（A/B testing）是一种在已经推出的产品上进行两个版本设计对比测试的特殊实验方法，常运用于网页、APP、广告

图6-8　两个单一变量的开屏广告版本

等线上产品中。第一次A/B测试是2000年由谷歌工程师为了确定"搜索引擎结果页上最佳的结果显示数量"而进行的。

（2）如何进行A/B测试

A/B指的是单一变量的两个版本的设计，所以在开始测试前，设计团队需要确定待测评的两个版本。单一变量指的是两个版本的设计只有一处不同，例如按钮的颜色、文案、布局等元素，如图6-8。

让技术人员将A/B测试发布到产品上，并设定测试人数和范围，现在大多数移动应用和网页系统都具备行A／B测试的能力。

发布后应对数据进行持续监测，通过观察转化率、点击率、跳失率等数据比较两种设计，判断用户对变量A、B的响应，以此确定两个变量哪一个更有效，帮助设计团队进行方案的选择，并将数据过差的版本及时下线。

6.启发式评估

（1）什么是启发式评估

启发式评估（Heuristic evaluation）是人机交互领域较为成熟的可用性自查方法，能够通过类似专家评估的方式，发现并解决用户体验相关的基本可用性问题。比较特殊的是，启发式评估与以上的评估方式相比，不需要用户的直接参与，而是以专家自查评估的方式降低用户体验评估过程中产生的时间和金钱成本。

（2）尼尔森十大可用性原则

最终版本的启发式评估原则是由雅各布·尼尔森（Jakob Nielsen）于1994年提出的，这套方法是用户体验中使用最广泛的启发式评估方法。十大可用性原则由编者译自尼尔森英文版《可用性工程》（Usability Engineering）如下。

● 系统状态的可视化（Visibility of system status）：系统应在合理的时间内给出反馈，让用户知晓正在发生的事情。

● 系统与现实世界的一致性（Match between system and the real world）：系统应使用用户所熟悉的语言和概念，尽量避免开发人员才能理解的术语。系统架构和跳转遵循现实世界的图式语言，符合自然用户的思维逻辑顺序。

● 用户控制和自由（User control and freedom）：用户有时会产生误操作，所以界面中需要由明确的"出口"，让用户轻松离开错误状态，不需要跳出警告对话框。也要支持撤销和重做功能，让用户进退自由。

● 一致性和标准（Consistency and standards）：不应该让用户产生"不同词语或操作却是同样的东西"的错觉。需要遵循平台一致性原则，建立好功能语料库、视觉标准库、色彩标准库等。

● 错误预防（Error prevention）："能防止错误发生的周觅完善的设计"比"设计精美的错误提示"更好。谨慎对待用户容易误操作的地方，容易出错或重要选项应该在用户操作前做二次确认。

● 识别理解优于思考记忆（Recognition rather than recall）：在界面中展示对象、操作和选项，最大限度地减轻用户的记忆和认知负担。用户不必记住系统中页面间的跳转原则。系统操作引导应该适时出现或易于检索。

● 灵活性和使用效率（Flexibility and efficiency of use）：类似快捷键的"加速操作"可以提高专家用户的交互效率，使系统可以同时满足无经验和有经验的用户。允许用户定制使用频繁的操作功能。

● 美学和极简主义设计（Aesthetic and minimalist design）：交互界面不应包含不相关或很少需要的信息。界面中的每个信息元素都会与其他信息元素争夺用户的注意力，导致识别性的降低。

● 帮助用户理解错误、诊断错误和从错误中恢复（Help users recognize, diagnose and recover from errors）：错误信息应该用通俗易懂的语言表达（无代码），准确地指明问题原因，并建设性地提出解决方案。

● 帮助和文档（Help and documentation）：尽管如果系统能在没有文档的情况下使用会更好，但还是应该尽可能提供帮助和文档。帮助信息应该易于搜索，并聚焦在用户操作层面，列出要执行的具体步骤，且文档容量不宜过大，操作不宜过分繁杂，如图6-9。

图6-9　符合尼尔森十大可用性原则的案例

（3）启发式评估的优劣势

由于专家具有一定的专业性，启发式评估能在进行真实用户测试之前减少设计错误，削减不必要的商业成本。虽然启发式评估可以在短时间内挖掘大量重要的可用性问题，但这并不是意味着只需进行专家评估就可以解决所有的可用性问题。尽管专家可以发挥其同理心进行评估，然而专家不一定是项目的受众人群，且具有一般用户所不具备的专业知识，故不能完全代表目标用户的意见和理解。因此，各类评估方式应该适当地在项目中穿插配合使用，达到提高可用性和用户体验的目的。

第三节　生理数据评估

本节引言：本节介绍了用户体验评估中"生理数据评估"的方法，旨在让学生认识到反思角度评估方法无法得到的隐藏数据的价值，并了解如何利用科学检测的方法理性评估生理数据。本节强调评估方法的认识和了解，如果学校有如眼动仪等相关实验器材，应让学生体验并作测试实验。

一、眼动实验

1.什么是眼动实验

眼动实验（Eye tracking）是一种利用眼动仪测量人眼注视点的实验方法，常眼用于研究视觉系统、认知学、心理学、人机交互和产品设计等方面。

早在19世纪，国外学者就已开始通过简易的眼动仪器来研究阅读动线、广告心理，做了一些很有价值的探索。例如汤普森和卢斯（Thompson和Luce）在用眼动仪研究读者阅读杂志广告的眼动情况中表明，多数读者先阅读广告的标题，其次是图案，最后才可能注意广告上的文字说明。到20世纪80年代开始，有人使用眼动实验测试与人机交互相关的问题。

现在的眼动仪已经十分先进了，主要有远程和头戴式两种非侵入式设备。虽然有不同类型和品牌，但眼动仪通常都包括红外光源、红外相机两个常见组件，跟踪瞳孔附近的光源反射，用于计算眼球的旋转、注视方向、眨眼频率、瞳孔直径变化等数据，这就是外设部分的工作原理。把数据写入与眼动追踪分析软件后，就可以方便地导出各种各样的视觉记录。例如，普通视图由视觉点组成表示用户在每个单位时间视觉焦点的位置；动态路径视图与普通视图非常相似，区别在于视频可以反复重现用户的观看过程，如图6-10；热力图与热成像照片类似，区块颜色越红表明用户在此位置的累计视觉停留时间越长，可以表示用户的注意力集中在此区域。

图6-10　绝地求生游戏界面眼动实验记录

2.利用眼动实验提升体验

近年来，设计艺术心理学研究中较常采用眼动仪来测试产品原型的交互设计与视觉设计的部分，通过对眼动轨迹的记录、分析眼动记录的数据，来判断被测者对设计的注意程度。根据停留时间可以得到被测者关注的部分，据此对产品原型提出改进建议。目前存在多种眼动测量指标：注视时间、注视次数、视觉扫描路径、长度和时间、眼跳数目和眼跳幅度、回溯性眼跳比、瞳孔尺寸的变化等。从产品可用性的测试来看，注视次数少、注视时间短、扫描路径和时间短的通常表明原型设计合理，用户容易使用且较少出错。相反，如用以评价广告设计、造型设计时，瞳孔变大、注视时间变长、次数增多等则表明用户对所观察的产品感兴趣，但缺点是不能确定被测者注视某块区域的具体原因。

日本感性工学领域专家、筑波大学教授原田昭将其感性工学研究的方法从传统的语意量表的统计转变为使用眼动仪器进行测量。在一个内容为"美术馆内欣赏艺术作品行为和情感"的研究项目中，研究者首先请带有眼睛记录相机的人通过计算机参观美术馆，之后为了解决"靠眼动仪器来记录人的欣赏过程时不够充分"的问题，研究者又使用遥控机器人取代真人实地参观，并记录机器人在美术馆中的参观路径、观赏者的参观顺序、每幅画吸引人的程度、对每幅画的细节如何欣赏等。通过分析参观动线、眼睛停留区域和时间等信息便可以优化展览环境。

眼动实验同样被越来越多的运用到在商用领域。联合利华（Unilever）欧洲客户洞察和创新经理杰仑（Jeroen van der Kallen）在联合利华"客户洞察和创新中心（Customer Insight and Innovation Centre）"使用可穿戴眼动追踪技术去了解他们的目标受众，帮助商业决策者进行精准的消费者研究，以获得具有商业价值的洞察，如图6-11。通过对眼动实验结果的分析，可以了解消费者对哪些产品造型和包装感兴趣，以帮助设计师作出更好的设计。

图6-11　联合利华利用眼动实验提升产品货架可见度

二、皮电反应测试

1.什么是皮电反应测试

皮电反应（Electrodermal activity，EDA）是人体皮肤导电连续变化的一项生理特性，不受意志控制。皮肤电阻随着皮肤中汗腺的状态而变化，而出汗由交感神经系统控制，所以可以作为交感神经系统功能的直接指标。另一种情况下，如果自主神经系统的交感神经分支高度刺激，那么汗腺活动也会增加，所以皮电反应也可以作为脑唤醒、警觉水平的间接指标。

皮电反应的研究是一个曲折的过程。1849年，德国医生、生理学家、神经动作电位发现者、实验电生理学开发者杜波依斯（Emil du Bois—Reymond）最先观察到人体皮肤具有导电活性，但由于科学技术水平的限制，他将他的皮电反应测试归因于肌肉现象。1878年，瑞士的赫尔曼（Hermann）和卢克森哲（Luchsinger）证明了手掌的电效应最强，表明汗水是重要的因素。而第一个将皮电反应与心理活动联系起来的研究者是法国维格吾（Vigouroux）。进一步的，法国神经学家费利（Féré）在1888年证明皮肤导电活动可以通过情绪刺激而改变，且可以被药物抑制。

2.皮电反应的应用

用户对系统消息在人机交互中的情感反应是研究用户满意度的关键，虽然通过回顾式的情绪效价反馈可以得到一定的情绪数据，但无法建立用户操作过程中"情绪—行为"一一对应的关系。皮电反应测试可以有效解决与时间、流程相关的情绪评估问题。例如菲斯特、沃斯盖特、彼得（Hans—Rüdiger Pfister、Sabine Wollstädter、Christian Peter）在对系统消息的情感反应研究中发现，语音信息比书面文本更容易触发愉快的情绪反应，输入请求触发愉快感和主导感，错误信息会增加情绪唤醒和不愉快的感觉。

另外，由于今年可穿戴技术的发展，皮电反应也广泛运用在可穿戴设备中。除手环类检测工具外，皮电反应也运用在了艺术化的智能服饰上。GER情绪毛衣运用了柔软的皮电反应传感器读取皮肤的电活动，然后将数据转化为情感色彩，通过发亮的衣领诠释穿戴者的情绪效价和情绪唤醒度，如图6-12。

图6-12　Sensoree GER情绪毛衣

三、脑电测试

1.什么是脑电测试

脑电图（Electroence phalography）是一种记录大脑内神经元活动引起的放电电位变化活动的非侵入生理监测方法。脑电图在医学领域已经应用了几十年，可以通过脑电图分析，判断癫痫、中风、脑外伤等疾病，也了解被测者的认知过程和情绪反应。

2.脑电测试的应用

近年由于科技的快速发展，人机交互领域出现越来越多的利用脑电信号"意念"控制的产品。Necomimi是日本Neurowear公司开发的头戴式猫耳，创造了一个利用脑波传感器与人体连接的"新的人体器官"，用于丰富交流和情感的表达。只要集中精力这对猫耳就会立起，放松时，猫耳会耷拉下来，如图6-13。

图6-13　Necomimi脑电波猫耳

Emotiv Insight是美国脑波产品厂商 Emotiv开发的一款5通道移动脑电图头戴设备，可记录脑波并将其转化为有意义的数据，如图6-14。可以衡量六个关键的认知和情绪指标：注意力、压力、兴奋、放松、兴趣、参与度，获得日常生活活动建议，改善注意力，并管理压力等。

图6-14　Emotiv Insight移动脑电图头戴设备

此外，使用脑电测试进行用户研究来评估游戏产品也较为常见，即使玩家用户意识不到或者无法表达，通过脑电图也能显示出大脑在做什么，能较好地反映玩家对游戏的实时体验情况，且成本较低，如图6-15。

图6-15　网易GUX脑电在游戏研究中的应用

11.网易GUX脑电在游戏研究中的应用

参 考 文 献

[1] [美]唐纳德·A.诺曼著，梅琼译.设计心理学[M].北京：中信出版社，2010.

[2] [美]唐纳德·A.诺曼著，张磊译.如何管理复杂[M].北京：中信出版社，2011.

[3] [美]Susan Weinschenk著，徐佳，马迪，余盈亿译.设计师要懂心理学[M].北京：人民邮电出版社，
     2013.

[4] 赵江洪.设计心理学[M].北京：北京理工大学出版社，2004.

[5] 张成忠，吕屏.设计心理学[M].北京：北京大学出版社，2007.

[6] 任立生.设计心理学[M].北京：化学工业出版社，2005.

[7] 柳沙.设计艺术心理学[M].北京：清华大学出版社，2006.

[8] [美]艾伦·温诺，陶东风，等译.创造的世界一艺术心理学[M].郑州：黄河文艺出版社，1988.

[9] [苏]弗·谢·库津，周新，等译.美术心理学[M].北京：人民美术出版社，1986.

[10] 范景中选编：贡布里希论设计[M].长沙：湖南科学技术出版社，2004.

[11] 章志光，金盛华，等.社会心理学[M].北京：人民教育出版社，1996.

[12] [美]J.R.安德森著，杨清、张述祖，等译.认知心理学[M].长春：吉林教育出版社，1989.

[13] 王更生，汪安圣.认知心理学[M].北京：北京大学出版社，1992.

[14] 朱滢主编.实验心理学[M].北京：北京大学出版社，2000.

[15] 黄升民，黄京华，等.广告调查：广告战略的实证基础[M].北京：中国物价出版社，2002.

[16] 李彬彬.设计效果心理评价[M].北京：中国轻工业出版社，2005.

[17] 张述祖，沈德立.基础心理学[M].北京：教育科学出版社，1987.

[18] [奥]弗罗伊德著，丹宁译.梦的解析[M].北京：国际文化出版社，1998.

[19] [德]雨果·闵斯特伯格著，邵志芳译.基础与应用心理学[M].杭州：浙江教育出版社，1998.

[20] [美]Earl Babble.社会研究方法[M].北京：清华大学出版社，2003.

[21] 朱光潜.文艺心理学[M].合肥：安徽教育出版社，1996.

[22] [德]库尔特·考夫卡著，黎炜译.格式塔心理学原理[M].杭州：浙江教育出版社，1997.

[23] 朱祖祥.工业心理学[M].杭州：浙江教育出版社，2001.

[24] [美]杰克·斯佩克特著，高建平译.艺术与精神分析[M].北京：文化艺术出版社，1990.

[25] 李泽厚.美学四讲[M].天津：天津社会科学院出版社，2001.

[26] [英]布莱恩·劳森著，杨青娟、韩效，等译.空间的语言[M].北京：中国建筑工业出版社，2003.

[27] [德]库尔特·勒温著，竺培粱译. 拓扑心理学原理[M]. 杭州：浙江教育出版社，1997.

[28] [日]相马一郎，佐古顺彦著，周畅，李曼曼译. 环境心理学[M]. 北京：中国建筑工业出版社，1986.

[29] [丹麦]扬·盖尔著，何人可译. 交往与空间（第4版）[M]. 北京：中国建筑工业出版社，2002.

[30] 俞国良，王青兰，等. 环境心理学[M]. 北京：人民教育出版社，2000.

[31] 徐磊青，杨公侠编著. 环境心理学[M]. 上海：同济大学出版社，2002.

[32] 李乐山. 工业设计心理学[M]. 北京：中国高等教育出版社，2004.

[33] 李彬彬. 设计心理学[M]. 北京：中国轻工业出版社，2001.